国家级职业教育规划教材
对接世界技能大赛技术标准创新系列教材
全国职业院校健康与社会照护专业教材

HEALTH AND SOCIAL CARE

李光勇　主编

人体结构与功能

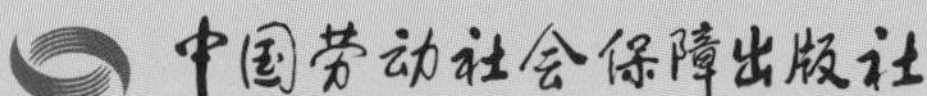

简　介

本书紧紧围绕职业院校对健康与社会照护专业人才的培养目标，紧扣健康与社会照护工作实际，介绍了人体结构与功能的有关知识，具体包括运动系统、消化系统、呼吸系统、泌尿系统、循环系统、血液、内分泌系统、感觉器、神经系统和生殖系统。

本书每一模块均结合一个具体案例展开讲解，并穿插一些拓展性知识，便于开展教学。

图书在版编目（CIP）数据

人体结构与功能 / 李光勇主编 . -- 北京：中国劳动社会保障出版社，2021
全国职业院校健康与社会照护专业教材
ISBN 978-7-5167-4818-3

Ⅰ. ①人…　Ⅱ. ①李…　Ⅲ. ①人体结构 – 职业教育 – 教材　Ⅳ. ①Q983

中国版本图书馆 CIP 数据核字（2021）第 076311 号

中国劳动社会保障出版社出版发行
（北京市惠新东街 1 号　邮政编码：100029）
*
北京市艺辉印刷有限公司印刷装订　新华书店经销
787 毫米 × 1092 毫米　16 开本　14.5 印张　233 千字
2021 年 7 月第 1 版　2025 年 8 月第 6 次印刷
定价：43.00 元

营销中心电话：400-606-6496
出版社网址：http://www.class.com.cn
http://jg.class.com.cn

对接世界技能大赛技术标准创新系列教材

编审委员会

主　任：刘　康

副主任：张　斌　王晓君　刘新昌　冯　政

委　员：王　飞　翟　涛　杨　奕　张　伟　赵庆鹏

姜华平　杜庚星　王鸿飞

健康与社会照护专业课程改革工作小组

课改校：山东医药技师学院

河南医药技师学院

杭州第一技师学院

广州市轻工技师学院

技术指导：周　嫣

编　辑：杨绘春

本书编审人员

主　编：李光勇

副主编：樊予惠

参　编：白　洁　侯爱敏　张亚丽　李琳琳　陈晶晶

主　审：费　娜

序

世界技能大赛由世界技能组织每两年举办一届，是迄今全球地位最高、规模最大、影响力最广的职业技能竞赛，被誉为“世界技能奥林匹克”。我国于 2010 年加入世界技能组织，先后参加了五届世界技能大赛，累计取得 36 金、29 银、20 铜和 58 个优胜奖的优异成绩。第 46 届世界技能大赛将在我国上海举办。2019 年 9 月，习近平总书记对我国选手在第 45 届世界技能大赛上取得佳绩作出重要指示，并强调，劳动者素质对一个国家、一个民族发展至关重要。技术工人队伍是支撑中国制造、中国创造的重要基础，对推动经济高质量发展具有重要作用。要健全技能人才培养、使用、评价、激励制度，大力发展技工教育，大规模开展职业技能培训，加快培养大批高素质劳动者和技术技能人才。要在全社会弘扬精益求精的工匠精神，激励广大青年走技能成才、技能报国之路。

为充分借鉴世界技能大赛先进理念、技术标准和评价体系，突出“高、精、尖、缺”导向，促进技工教育与世界先进标准接轨，完善我国技能人才培养模式，全面提升技能人才培养质量，人力资源社会保障部于 2019 年 4 月启动了世界技能大赛成果转化工作。根据成果转化工作方案，成立了由世界技能大赛中国集训基地、一体化课改学校，以及竞赛项目中国技术指导专家、企业专家、出版集团资深编辑组成的对接世界技能大赛技术标准深化专业课程改革工作小组，按照创新开发新专业、升级改造传统专业、深化一体化专业课程改革三种对接转化原则，以专业培养目标对接职业描述、专业课程对接世界技能标准、课程考核与评价对接评分方案等多种操作模式和路径，同时融入健康与安全、绿色与环保及可持续发展理念，开发与世界技能大赛项目对接的专业人才培养方案、教材及配套教学资源。首批对接19个世界技能大赛项目共12个专业的成果将于2020—2021年陆续出版，主要用于技工院校日常专业教学工作中，充分发挥世界技能大赛成果转化对技工院校技能人才的引领示范作用。在总结经验及调研的基础上选择新的对接项目，陆续启动第二批等世界技能大赛成果转化工作。

希望全国技工院校将对接世界技能大赛技术标准创新系列教材，作为深化专业课程建设、创新人才培养模式、提高人才培养质量的重要抓手，进一步推动教学改革，坚持高端引领，促进内涵发展，提升办学质量，为加快培养高水平的技能人才作出新的更大贡献！

2020年11月

前 言

我国卫生健康事业自改革开放以来获得了长足发展，但照护体系特别是长期照护体系的建设还处于起步阶段，从业人员结构不完整，缺乏提供非侵入性护理和康复服务的高素质人才，健康服务供给总体不足与需求不断增长之间的矛盾依然突出。

为此，2016 年国务院印发《“健康中国 2030”规划纲要》，明确提出，到 2020 年，健康服务业总规模超过八万亿，到 2030 年达十六万亿；党的十九大将“实施健康中国战略”纳入国家整体发展战略统筹推进，提出“优化健康服务”；2019 年国务院印发《关于实施健康中国行动的意见》，强调要“加强公共卫生体系建设和人才培养”。按照党中央的要求，人力资源社会保障部围绕“实施健康中国战略”进行了一系列部署，发布了“健康照护师”新职业，《全国技工院校专业目录》增补了“健康与社会照护专业”，出台了《康养职业技能培训计划》。这一系列举措的最终目的是：培养造就大批高素质健康与社会照护职业人才，解决我国“一老一小”健康照护的痛点难题；降低慢性病患者、老年人住院频率，缓解医疗资源紧张的现状；充分满足人民群众日益增长的美好生活需求，增强人民群众的幸福感、获得感。

为贯彻落实中央精神和国家政策，满足社会发展和职业教育不断发展的需要，人力资源社会保障部教材办公室组织世界技能大赛中国技术指导专家、行业企业专家、教学专家等，以世界技能大赛健康和社会照护项目技术文件、健康照护师职业任务、学生毕业后从事岗位的能力需求等为依据，开发了全国职业院校健康与社会照护专业教材。

本套教材着重培养学生的基础能力、照护能力、康复保健能力和管理协调能力，重视人文关怀和心理疏导，强调教材内容的针对性和实用性，做到学为所用、用以促学、学用结合。在教材内容的组织上，部分采用了任务驱动教学法的编写思路，结合具体实例，讲解完成任务所需要的相关知识，介绍完成任务的步骤和注意事项，以引导学生运用所学知识分析和解决实际问题。在教材的表现形式上，注重图片、表格及色彩的运用，增强教材的趣味性和可读性。在教材编写的同时，开发了与教材配套的电子课件。电子课件可登录中国技工教育网（http://jg.class.com.cn），搜索相应的书目，在相关资源中下载。部分教材使用了二维码技术，针对教材中的教学重点和难点制作了演示视频，学生使用移动终端扫描二维码即可在线观看相应内容。

本套教材的编写得到了有关学校的大力支持，教材编审人员做了大量的工作，在此我们表示衷心的感谢！同时，恳切希望广大读者对教材提出宝贵的意见和建议。

人力资源社会保障部教材办公室

目　录

模块一　概述

课题一　人体的基本结构 …… 2
课题二　人体的生命活动 …… 15

模块二　运动系统

课题一　运动系统的组成与功能 …… 22
课题二　骨和骨连接 …… 24
课题三　骨骼肌 …… 42

模块三　消化系统

课题一　消化系统的组成 …… 52
课题二　消化系统的功能 …… 71

模块四　呼吸系统

课题一　呼吸系统的组成 …… 82
课题二　呼吸系统的功能 …… 89

模块五　泌尿系统

课题一　泌尿系统的组成 …… 96
课题二　泌尿系统的功能 …… 102

模块六 循环系统

课题一 循环系统的组成与功能 ……108
课题二 心血管系统 ……113
课题三 淋巴系统 ……131

模块七 血液

课题一 血液的成分 ……136
课题二 血型和输血 ……142

模块八 内分泌系统

课题一 内分泌系统的组成与功能 ……146
课题二 甲状腺 ……150
课题三 肾上腺 ……154
课题四 胰岛 ……157

模块九 感觉器

课题一 眼 ……162
课题二 耳 ……165
课题三 皮肤 ……170

模块十 神经系统

课题一 神经系统的组成与功能 ……178
课题二 中枢神经系统 ……181
课题三 周围神经系统 ……197

模块十一 生殖系统

课题一 男性生殖系统 ……208
课题二 女性生殖系统 ……217

模块一

概　　述

照护者只有理解和掌握正常人体结构与功能，才能进一步正确认识人体的病理变化及功能的改变，更好地理解疾病的发生与发展过程，进而依据照护对象的生理特性、心理因素和行为方式等采取积极的健康照护措施，维护和促进照护对象的健康。

课题一
人体的基本结构

学习目标

- 掌握细胞的结构。
- 掌握人体基本组织的分类。
- 了解人体八大系统。
- 掌握解剖学姿势和人体结构描述常用术语。

人体结构和功能的基本单位是细胞。许多形态相似、功能相近的细胞由细胞间质结合在一起构成组织。人体组织有四大类，即上皮组织、结缔组织、肌组织和神经组织。几种不同的组织结合在一起，构成具有一定形态和功能的器官，如肝、肾、心、肺、胃等。若干个功能相关的器官组合起来，完成某一方面的生理功能，构成人体的系统。

一、细胞

一切生物体，不论其结构简单还是复杂，均由细胞构成。人体细胞的形态虽然各式各样，但基本结构一致，均由细胞膜、细胞质和细胞核三部分构成，如图 1-1-1 所示。

1. 细胞膜

细胞膜又称质膜，是指包覆于细胞表面的一层薄膜，其主要成分包括脂肪、蛋白质和糖。细胞膜的厚度为 6 ~ 10 nm，光学显微镜下一般不可见，在高倍透射电镜下显示为两暗夹一明的“液态镶嵌模型”结构，即由脂质双分子层基架、镶嵌于其间的各种不同功能的蛋白质和少量的糖构成，如图 1-1-2 所示。

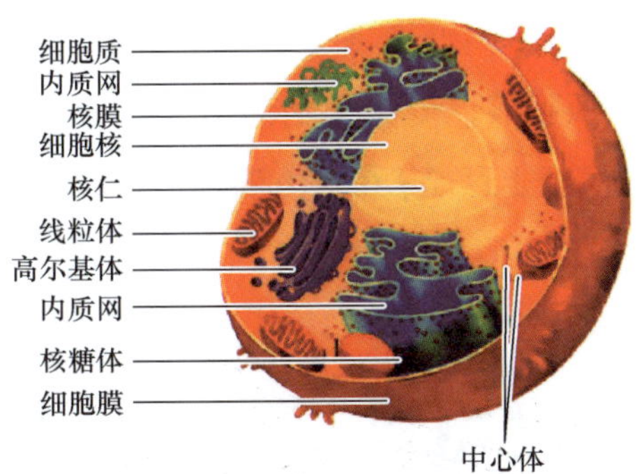

图 1-1-1　细胞的结构

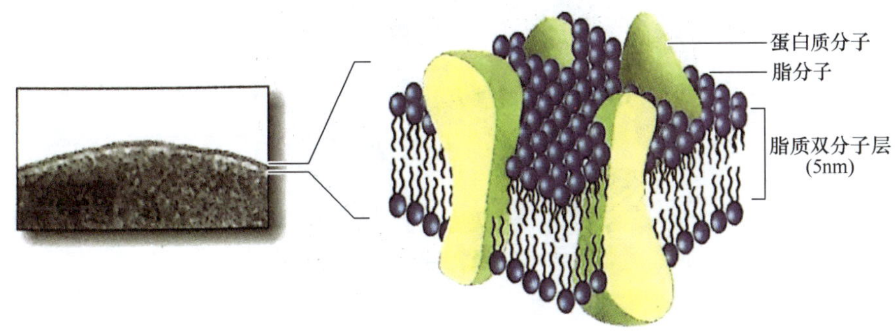

图 1-1-2　细胞膜的结构

2. 细胞质

细胞质位于细胞膜与细胞核之间，包括基质、细胞器和包含物三部分。

（1）基质

基质为胶状物质，其成分包括水、无机盐、蛋白质、脂肪、糖、氨基酸及核苷酸等。基质是细胞进行物质代谢的重要场所。

（2）细胞器

细胞器是细胞质内具有一定形态和生理功能的微细结构体，主要包括线粒体、内质网、高尔基体、溶酶体、核糖体、中心体、微粒以及细胞骨架等。各种细胞器在机体的协调下完成各自的功能。

（3）包含物

包含物是一些细胞的代谢产物或细胞的储存物质，如脂滴、糖原、黑色素颗粒等。包含物的种类及数量随细胞的生理状况变化而变化。

3. 细胞核

细胞核是细胞遗传物质储存、复制和转录的场所，是代谢活动的中心，其结构如图 1-1-3 所示。不同类型的细胞，其细胞核的数量、大小、位置一般也不同。大多数的细胞有一个细胞核；少数细胞有两个或多个细胞核，例如，骨骼肌细胞的细胞核可多达数十个甚至上百个；有的细胞无细胞核，如成熟红细胞。

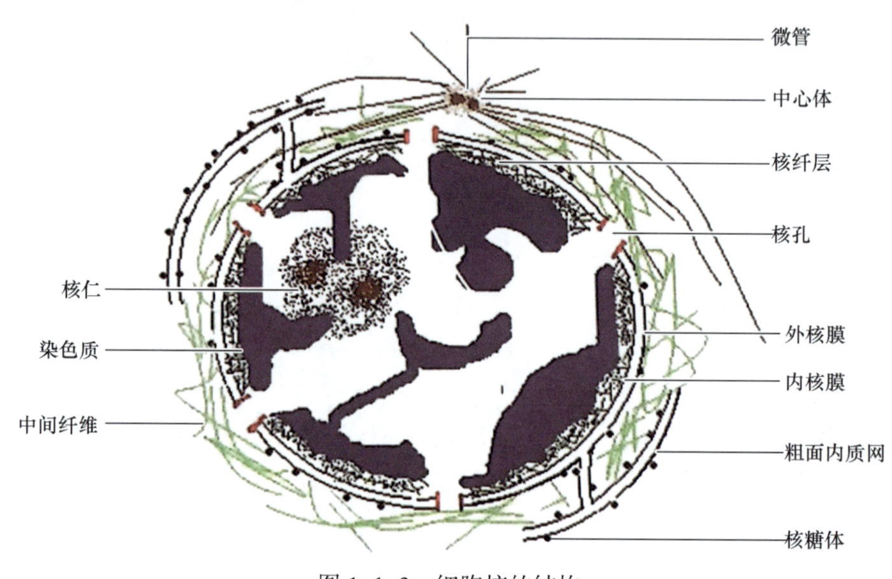

图 1-1-3　细胞核的结构

二、人体基本组织

1. 上皮组织

上皮组织简称上皮。上皮组织由大量形态规则、排列紧密的上皮细胞和极少量的细胞间质构成，具有保护、吸收、分泌和排泄功能。上皮组织按其分布和功能的不同，可分为被覆上皮、腺上皮和感觉上皮。本书仅介绍被覆上皮和腺上皮。

（1）被覆上皮

被覆上皮覆于体表或衬贴于体内各种管、腔、囊的内表面。被覆上皮的共同特征是：细胞多，间质少；上皮不含血管，所需营养物质由深部结缔组织透过基膜渗透到上皮细胞间隙。

（2）腺上皮

以分泌功能为主的上皮称为腺上皮。以腺上皮为主构成的器官称为腺，腺根据其分泌物的排出方式不同可分为外分泌腺和内分泌腺。外分泌腺（如腮腺、汗腺等）的分泌物经导管排至体表及器官腔内，内分泌腺（如甲状腺、肾上腺等）的分泌物直接进入血液。

2. 结缔组织

结缔组织由细胞和大量细胞间质组成。细胞间质包括无定形的基质和细丝状的纤维。结缔组织包括柔软的固有结缔组织、软骨组织和骨组织以及液态的血液和淋巴。一般所说的结缔组织是指固有结缔组织，包括疏松结缔组织、致密结缔组织、脂肪组织和网状组织四种。结缔组织是人体内分布最广泛、形式最多样的组织，主要起连接、提供营养、支持和保护等作用。

（1）固有结缔组织

1）疏松结缔组织

疏松结缔组织结构疏松，又称蜂窝组织。其特点是细胞种类多而分散，纤维稀疏呈网状排列，基质丰富，如图 1–1–4 所示。疏松结缔组织在人体内广泛分布于器官之间、组织之间以及细胞之间，主要起连接、支持、提供营养、防御、保护和修复等作用。

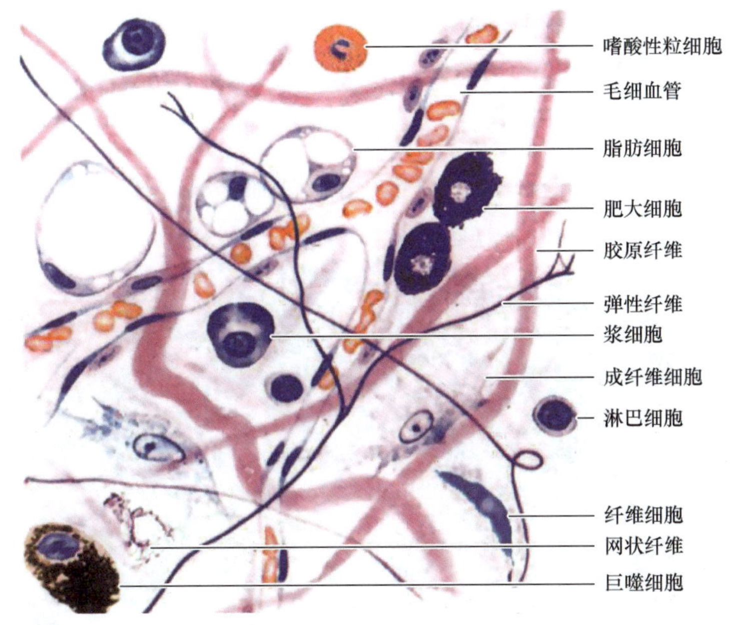

图 1–1–4　疏松结缔组织

2）致密结缔组织

致密结缔组织以纤维为主要成分，纤维粗大，排列致密，主要是胶原纤维和弹性纤维，细胞和基质少，以支持和连接为主要功能，如图 1–1–5 所示。致密结缔组织主要分布于肌腱、韧带和真皮等组织中。

3）脂肪组织

脂肪组织是一种含有大量脂肪细胞的疏松结缔组织，由其他疏松结缔组织分隔成脂肪小叶，如图 1-1-6 所示。脂肪组织主要分布于皮下和肠系膜等处，具有储存脂肪、缓冲和保持体温的作用。

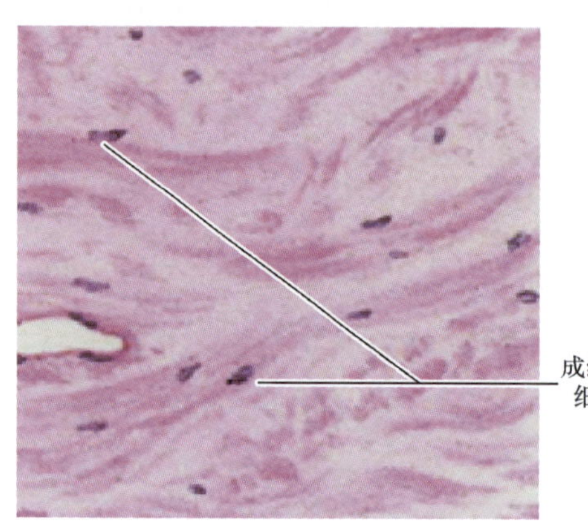

图 1-1-5　致密结缔组织

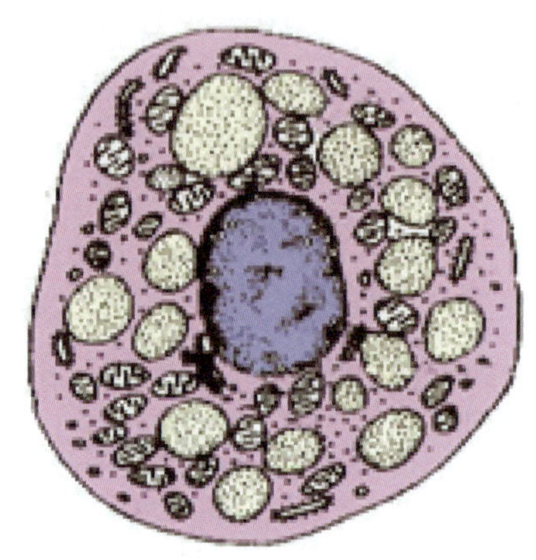

图 1-1-6　脂肪组织

4）网状组织

网状组织由网状细胞、网状纤维和基质组成，如图 1-1-7 所示。网状细胞呈星形，多突起，彼此相连成网。网状纤维沿网状细胞分布，如图 1-1-8 所示。网状组织主要分布在骨髓、淋巴结、脾等器官。

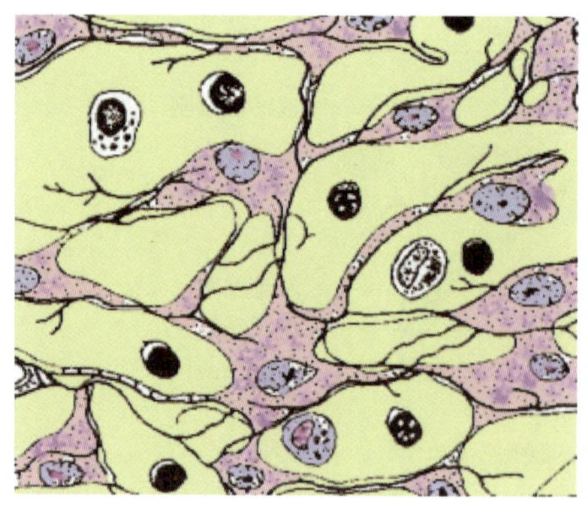

图 1-1-7　网状组织

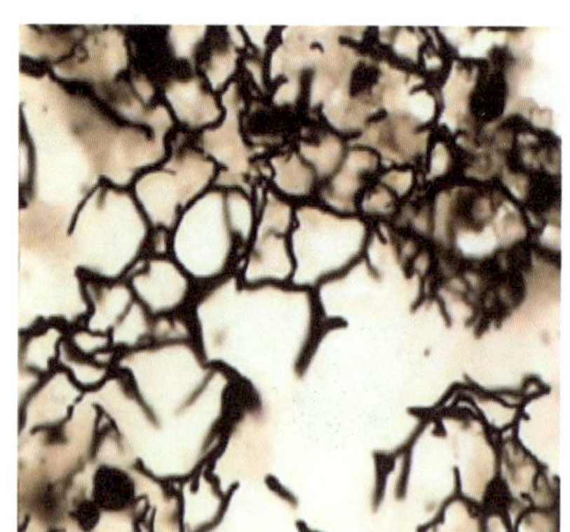

图 1-1-8　网状纤维

（2）软骨组织与骨组织

1）软骨组织

软骨组织是一种固态的结缔组织，由软骨细胞和细胞间质构成，其细胞间质又包括基质及纤维。根据软骨组织所含纤维不同，软骨可分为透明软骨、弹性软骨和纤维软骨三种。

2）骨组织

骨组织是一种坚硬的结缔组织，由骨细胞和大量钙化的细胞间质构成。

3. 肌组织

肌组织主要由肌细胞构成，在肌细胞之间有淋巴管、神经、少量的结缔组织、丰富的血管等。肌细胞细长，呈纤维状，又称肌纤维。其细胞膜称为肌膜，细胞质称为肌质。根据形态、结构和功能不同，肌组织可分为骨骼肌、心肌和平滑肌三类。

（1）骨骼肌

骨骼肌因附着于骨骼而得名，主要分布于头、颈、躯干和四肢。骨骼肌收缩快而有力，并受人的意识支配，属于随意肌。

1）骨骼肌纤维的一般结构

光学显微镜下，骨骼肌纤维呈细长的圆柱状，长短不一，短的仅数毫米，长的可超过 10 cm，如图 1–1–9、图 1–1–10 所示。其细胞核呈扁椭圆形，数量较多。一条骨骼肌纤维有数十个到上百个细胞核，它们位于细胞周缘，紧靠肌膜，呈扁椭圆形。

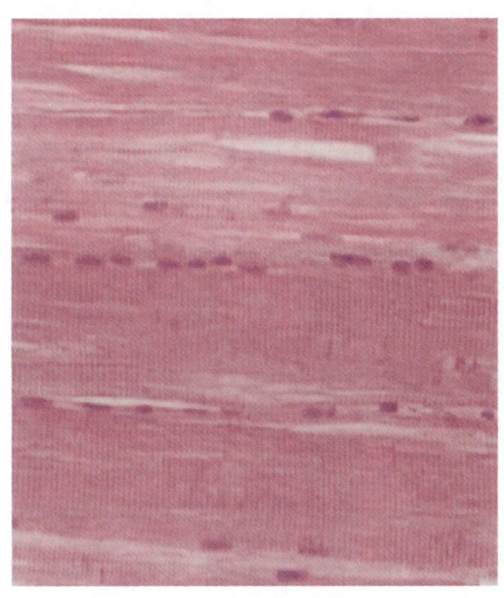

图 1–1–9　骨骼肌纤维纵切面

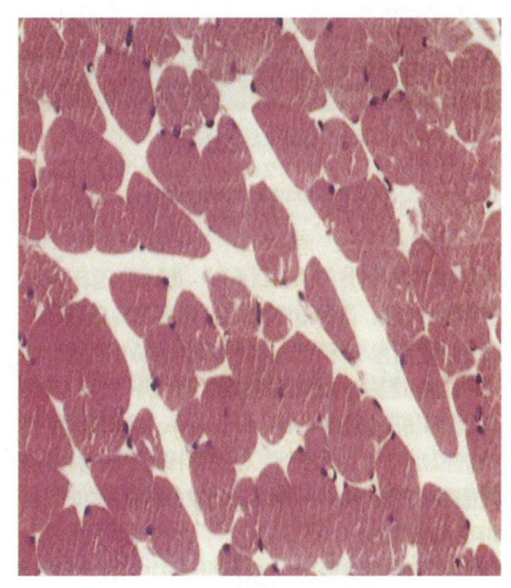

图 1–1–10　骨骼肌纤维横切面

2）骨骼肌的收缩形式

骨骼肌收缩是指肌肉张力增加和（或）肌肉长度缩短的机械变化，其收缩形式有以下几种：

①等长收缩和等张收缩。肌肉收缩时，长度不变而张力增加的收缩形式为等长收缩，张力不变而长度缩短的收缩形式为等张收缩。肌肉的收缩形式主要取决于所承受的负荷。负荷分为前负荷和后负荷两种类型。前负荷指肌肉收缩前所承受的负荷，其作用在于增加肌肉收缩前的长度即初长度；后负荷指肌肉收缩过程中所承受的负荷。

人体骨骼肌的收缩大多数情况下为混合形式。例如：维持躯体姿势时，骨骼肌以等长收缩为主；肢体自由运动时，骨骼肌则以等张收缩为主。

知识补给站

长期卧床后，骨骼肌钙离子的变化主要是肌质网对钙离子的摄取和释放增加，从而直接影响骨骼肌的收缩功能。早期肌肉出现的变化是萎缩，即整个肌肉重量减少。萎缩的肌肉表现为肌力下降。

长期卧床后，肌肉的体积减小（用卷尺测量的肢体围度变小），肌肉单位面积的张力下降（关节运动时肌肉牵扯感明显），同时运动神经的兴奋性降低，运动单位的募集减少（完成动作迟滞），肌肉不能正常收缩，且易疲劳。这是肌力减退的大体原因。

②单收缩和强直收缩。一次刺激作用于骨骼肌相应引起一次收缩，称为单收缩。骨骼肌受连续多次刺激出现持续收缩的状态，称为强直收缩。根据刺激的频率不同，强直收缩可分为两种：一是不完全强直收缩，因刺激频率较低，后一次刺激引发的收缩落在前一次收缩的舒张期内，表现为骨骼肌舒张不完全；二是完全强直收缩，因刺激频率很高，后一次刺激引发的收缩落在前一次收缩的收缩期内，骨骼肌出现收缩叠加现象。据测定，完全强直收缩的肌张力可达单收缩的 3 ~ 4 倍，因而可产生强大的收缩效果。正常情况下，人体内骨骼肌的收缩都属于完全强直收缩，这是因为躯体运动神经传来的冲动频率总是连续的。

知识补给站

预防肌肉萎缩的方法

一是坚持做康复训练。科学合理的康复训练治疗是根据患者的实际情况来实施的，可以帮助患者进行功能恢复，能够有效缓解和控制肌肉痉挛的发生。同时，患者要主动配合练习，做肌肉的假想运动，用健侧肢体带动患侧肢体，或由能活动的手指主动地反复活动，带动不能活动的手指。

二是同时尽可能地保持肢体的功能位置。

三是增加营养。

（2）心肌

心肌分布于心脏和邻近心脏的大血管根部。心肌收缩具有自动节律性，缓慢而持久，不易疲劳，且不受意识支配，属于不随意肌。

心肌纤维呈短圆柱状，有分支，彼此吻合成网。相邻心肌纤维的连接处称为闰盘，在一般染色标本中其着色较深，呈横行或阶梯状细线。心肌纤维一般有一个细胞核，少数有两个细胞核。其细胞核为卵圆形，位于细胞中央。心肌纤维在纵切面上也显示横纹，但不如骨骼肌纤维明显。

（3）平滑肌

平滑肌广泛分布于血管壁和许多内脏器官，收缩缓慢而持久，不受意识控制，属于不随意肌。

平滑肌纤维呈长梭形，无横纹，大小不一。其细胞核呈长椭圆形或杆状，只有一个，位于细胞中央，细胞质呈嗜酸性。平滑肌纤维除少数在内脏器官中为单个分散存在外，绝大部分平行成束或成层排列，同一层平滑肌纤维多平行排列并相互嵌合，如图 1-1-11 所示。

4. 神经组织

神经组织是构成神经系统的主要成分，是高度分化的组织，由神经细胞和神经胶质细胞构成。神经细胞是神经系统的基本结构和功能单位，又称神经元。神经元的数量庞大，具有接受刺激、传导冲动和整合信息的生理功能，有些神经元还具有内分泌功能。神经胶质细胞对神经元起支持、保护、绝缘、提供营养等作用。

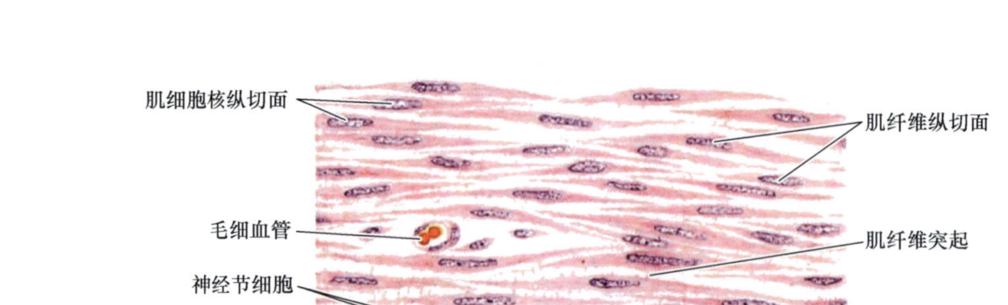

图 1-1-11　平滑肌

（1）神经元

神经元形态多样，但都由胞体和突起两部分组成。主要神经元的形态如图 1-1-12 所示。神经元与神经元（或效应细胞）之间通过突触相连。

1）胞体

胞体大小不一，形态各异，有圆形、星形、梭形、锥体形等多种形态，是神经元的代谢和营养中心。

细胞膜具有接受刺激、产生并传导神经冲动和处理信息的功能。

细胞核大而圆，着色较浅，位于胞体中央，大而明显。

细胞质除含有一般细胞器外，还含有两种特有的细胞器即嗜染质和神经原纤维。

2）突起

突起由突出的神经元细胞膜和细胞质构成，依据其形态、结构和功能不同可分为树突和轴突两种。

树突较短，有分支，呈树枝状。每个神经元有一个或多个树突，其内部结构与胞体相似，也含有嗜染质和神经原纤维。树突的主要功能是接受刺激，并将神经冲动传给胞体。

轴突一般比树突细，呈细索状。每个神经元只有一个轴突，其长短不一，短的仅数微米，长的可达 1 m 以上。轴突的主要功能是将神经冲动由胞体传递给其他神经元或效应器。

3）突触

突触是神经元与神经元之间，或神经元与效应细胞（肌细胞、腺细胞）之间的细

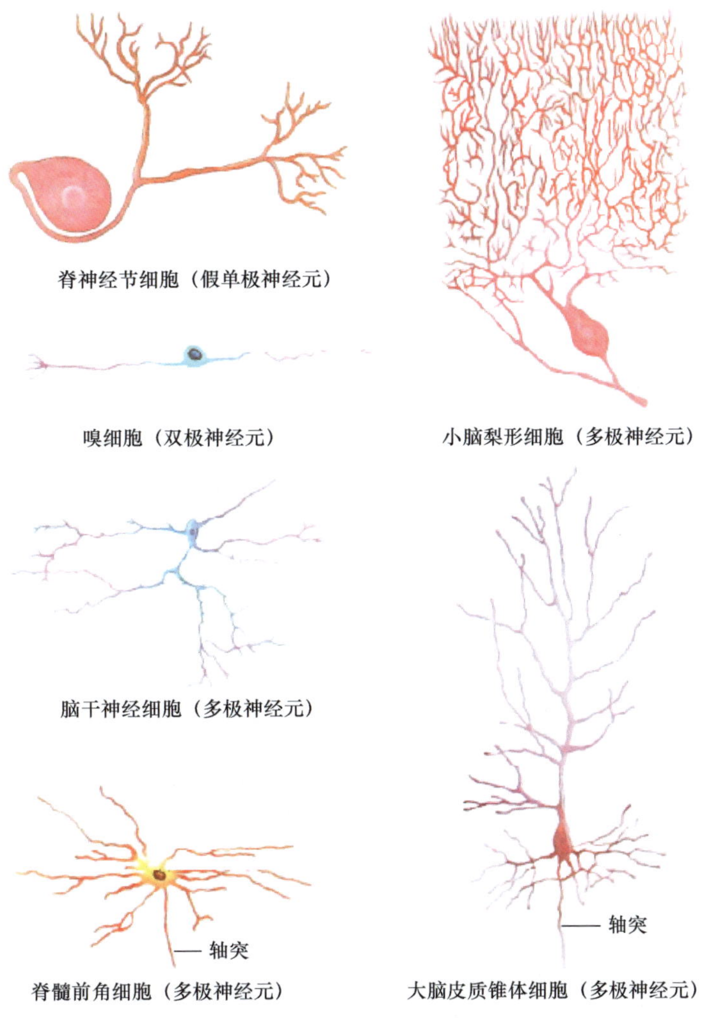

图 1-1-12　主要神经元的形态

胞连接结构，是神经元传递信息的重要媒介。突触按神经元接触部位不同可分为轴－体、轴－树和轴－轴等突触，按功能不同可分为兴奋性突触和抑制性突触，按神经冲动传递方式不同可分为电突触和化学性突触等。电突触是缝隙连接，神经元之间以电流作为信息媒介；化学性突触以神经递质作为传递信息的载体，即一般所说的突触。

（2）神经胶质细胞

神经胶质细胞广泛分布于神经系统中，一般较神经元小，具有突起，但不分树突和轴突。根据分布位置不同，神经胶质细胞可分为中枢神经系统的胶质细胞和周围神经系统的胶质细胞。

（3）神经纤维

神经纤维由神经元的长突起和包在它外面的神经胶质细胞构成。神经纤维根据有无髓鞘可分为有髓神经纤维和无髓神经纤维两类。在中枢神经系统中，无髓神经纤维往往与有髓神经纤维混杂在一起。无髓神经纤维传导神经冲动是连续式的，故其传导速度比有髓神经纤维慢。

（4）神经末梢

神经末梢是终止于全身各种组织或器官内的周围神经纤维的终末部分，按其功能不同可分为感觉神经末梢和运动神经末梢。

三、人体系统

人体系统包括运动系统、消化系统、呼吸系统、泌尿系统、生殖系统、内分泌系统、循环系统和神经系统八大系统。各系统在神经、体液的调节下，彼此联系，相互协调，共同构成一个完整的有机体，进行正常的功能活动。

运动系统包括骨、关节（骨连接）和骨骼肌，具有保护躯体与运动的功能。消化系统具有消化食物、吸收营养物质的功能。呼吸系统具有使机体与外界环境进行气体交换的功能。泌尿系统具有排出机体内溶于水的代谢产物的功能。生殖系统具有生殖和繁衍后代的功能。内分泌系统具有控制系统器官活动的功能。循环系统包括心血管系统和淋巴系统，具有输导血液、淋巴在体内流动的功能。神经系统具有调节全身各系统器官活动协调统一的功能。

四、人体结构描述常用术语

人体可分为头、颈、躯干和四肢四部分。头的前部称为面部，后部称为颅部。颈的前部称为颈部，后部称为项部。躯干又可分为胸、腹、盆、会阴和背，背的下部称为腰。四肢分上肢和下肢，上肢分为肩、上臂、前臂和手四部分，下肢分为臀、大腿、小腿和足四部分。

1. 人体各部的位置关系

人体的构造十分复杂，为了准确描述人体各部的位置及相互关系，必须采用国际通用的统一标准和描述用的术语，以便统一认识，避免混淆与误解。

身体直立，两眼平视正前方，上肢自然下垂于躯干两侧，手掌向前，下肢并拢，足尖向前，这样的姿势称为解剖学姿势。国际上统一依据解剖学姿势描述人体各部的位置关系。常用的表示方位的术语如下：

（1）上和下

靠近头者为上，靠近足者为下。

（2）前和后

靠近腹者为前，靠近背者为后。

（3）内侧和外侧

以人体正中矢状面（参见下文）为准，离其近者为内侧，离其远者为外侧。前臂的内侧又称尺侧，外侧又称桡侧；小腿的内侧又称胫侧，外侧又称腓侧。

（4）内和外

凡有空腔的器官，在腔内或离腔较近的为内，在腔外或离腔较远的为外。

（5）浅和深

以体表为准，离体表近者为浅，离体表远者为深。

（6）近侧和远侧

近侧和远侧多用于描述四肢，距离肢体根部较近者为近侧，反之为远侧。

2. 人体的轴

为了分析关节的运动，按照解剖学姿势，假设人体有三种互相垂直的轴，即矢状轴、冠状轴和垂直轴，如图 1-1-13 所示。

其中，矢状轴为前后方向的水平轴。冠状轴又称额状轴，为左右方向的水平轴，与人体的矢状轴互相垂直。垂直轴为上下方向，与人体的长轴平行，且与上述两轴互相垂直。

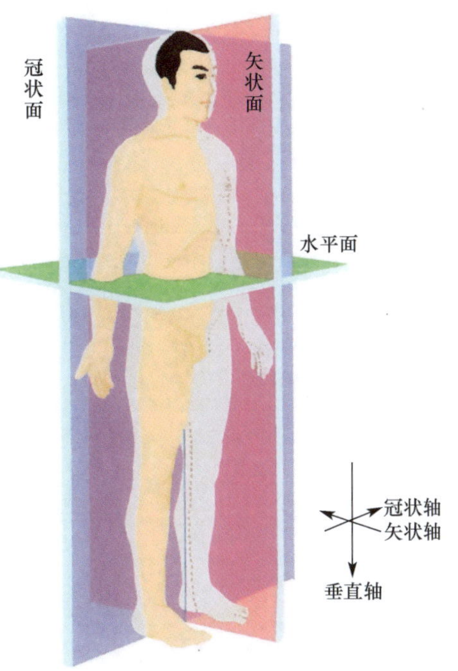

图 1-1-13　人体的轴和面

3. 人体的面

参照上述三种轴的方位，可将人体整体或任意局部切成相互垂直的三种断面。

（1）矢状面

在前后方向上，将人体纵切为左右两部的切面称为矢状面。通过人体正中的矢状面称为正中矢状面。

（2）冠状面

冠状面又称额状面，是指在左右方向上

将人体纵切为前后两部的切面。

（3）水平面

水平面又称横断面，与地面平行，将人体分为上下两部。

在描述器官的切面时，沿其长轴所做的切面称为纵切面，与长轴垂直的切面称为横切面。

课题二
人体的生命活动

学习目标

- 掌握新陈代谢、兴奋性、适应性、生殖和衰老的概念。
- 掌握内环境的概念及人体生理功能的调节方式。

一、人体生命活动的基本特征

通过对各种生物体（从单细胞生物体至高等动物）基本生命活动的观察和研究，人们发现生命的基本特征主要有五个方面，即新陈代谢、兴奋性、适应性、生殖和衰老。

1. 新陈代谢

生物体总是在不断重新建造自身的结构，同时又在不断破坏自身已衰老的结构。生物体与环境之间不断进行物质交换和能量交换，以实现自我更新的过程称为新陈代谢。

新陈代谢包含着相伴进行的两个方面，即物质代谢和能量代谢。物质代谢是指机体生命过程中物质的合成和分解过程。能量代谢是指伴随物质代谢过程发生的能量的产生、转移、利用等过程。新陈代谢一旦停止，生命也就随之终结。

2. 兴奋性

兴奋性是机体的另一个重要特征，同时也说明了机体与周围环境的另一种关系，即机体生存的环境条件改变时能引起机体活动的变化。不仅完整机体有这种特性，组成机体的每一种活组织或活细胞也具有这种特性。

3. 适应性

生物体所处的环境无时不在发生着变化，如大气的气压、温度、湿度等在不同气候中的变化和差别很大。人类在长期进化过程中，已逐步建立了一套通过自我调节以适应生存环境变化的反应方式。机体按环境变化调整自身生理功能的过程称为适应。机体能根据内外环境的变化调整体内各种活动以适应变化的能力称为适应性。适应可分为生理性适应和行为性适应两种。

生理性适应是指身体内部的协调性反应。例如，长期居住在高原地区的人的红细胞数远远超过平原地区的人，这样就增加了血液运氧的能力，从而克服高原低氧给人体带来的伤害。又如，在强光照射下，瞳孔会缩小，以减少进入眼内的光线，使视网膜免遭损伤。

行为性适应常有躯体活动的改变，例如，机体在低温环境中会出现趋热活动，遇到伤害性刺激时会出现躲避活动。行为性适应在生物界普遍存在，属于本能性行为。

4. 生殖

生殖是机体繁殖后代、延续种系的一种特征性活动。成熟的个体通过无性或有性繁殖方式产生或形成与本身相似的子代个体。无性生殖是指不经过两性生殖细胞结合，由母体直接产生新个体的生殖方式，如分裂生殖（如细菌等）、出芽生殖（如水螅等）、孢子生殖（如蕨类等）。有性生殖是指由亲代产生的两性生殖细胞（如精子和卵子）经结合成为受精卵，再由受精卵发育成为新的个体的生殖方式。人类通过有性生殖方式使新的个体得以产生，遗传信息得以代代相传。

5. 衰老

生命周期中有一个随着时间的进展而表现出功能活动不断减退、衰弱，直至死亡的过程，这个过程泛称衰老，在文献中也常以“老化”出现。严格意义上讲，老化是衰老的动态过程，衰老是老化的结局，是机体从健康经过老化到处于疾病和功能退化的状态。人体的这种老化在生理学上主要表现为随着年龄的增长，人体各器官及其组织细胞功能出现退行性变化或衰退状态，对内外环境的适应能力逐渐减弱。衰老具有全身性、进行性、内在性和衰退性，主要表现为人体组成成分的衰老性变化、细胞数量减少、全身器官功能退化、机能改变和对内外环境的适应能力逐渐下降等。

二、人体的内环境

人体内各种组织细胞直接接触并赖以生存的环境称为内环境。人体内绝大多数细胞与外界环境没有直接接触，它们的直接生活环境是细胞外液。内环境是细胞直接进行新陈代谢的场所，细胞代谢所需要的氧气和各种营养物质只能从内环境中摄取，而细胞代谢产生的二氧化碳和代谢终末产物也需要直接排到细胞外液中，然后通过血液循环运输，由呼吸和排泄器官排出体外。此外，内环境还是细胞生活与活动的地方，它必须给细胞创造一个适宜的环境，提供合适的理化条件。因此，内环境对于细胞的生存以及维持细胞的正常生理功能非常重要。

三、人体生理功能的调节

1. 适应外界环境的调节

机体处于不同的生理状态时或当外界环境发生改变时，体内一些器官、组织的功能会发生相应的改变，最后使机体能适应各种不同的生理状态和外界环境的变化，也可使被扰乱的内环境重新得到恢复，这种过程称为生理功能的调节。人体生理功能调节的方式有三种，即神经调节、体液调节和自身调节。这三种调节方式相互配合、密切联系，但又各具特点。

（1）神经调节

神经调节是机体最主要的调节方式，是指机体通过神经系统的活动对各组织、器官和系统的生理功能进行调节的过程。神经调节的基本方式是反射。所谓反射是在中枢神经系统参与下，机体对内外环境的刺激发生有规律的适应性反应。反射活动的结构基础是反射弧，典型的反射弧由感受器、传入神经、神经中枢、传出神经和效应器五个部分组成，如图 1-2-1 所示。

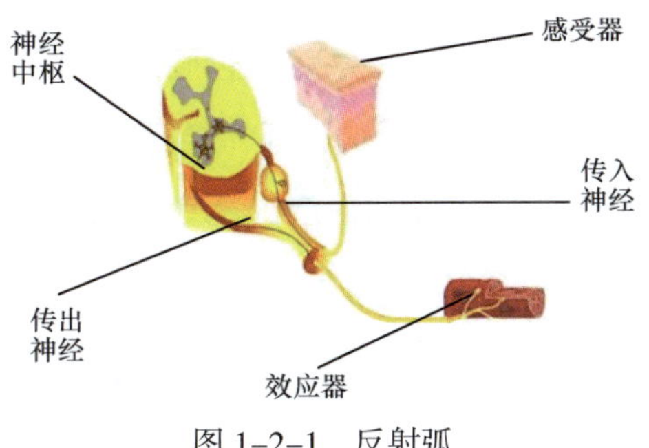

图 1-2-1　反射弧

例如，当叩击股四头肌肌腱时，就刺激了股四头肌中的感受器——肌梭，使肌梭兴奋，并通过传入神经纤维将信息传至脊髓，脊髓再对传入的神经信息进行分析，最后通过传出神经纤维将兴奋传到效应器——股四头肌，引起股四头肌的收缩，完成膝跳反射。反射是机体重要的调节方式，反射弧中任何一部分被破坏都会导致反射活动的消失。

神经调节的特点是：反应迅速、准确，作用部位存在局限，作用时间短暂。

知识补给站

巴甫洛夫效应

生理学家巴甫洛夫在研究狗的进食现象时发现，狗吃到食物时会分泌唾液，这是自然的生理反应，不需要学习，这种反应称为无条件反射。引起这种反应的刺激是食物，称为无条件刺激。

如果在狗每次进食时发出铃声，一段时间后，狗只要听到铃声就会分泌唾液，如下图所示。这种由中性刺激与无条件刺激结合而引起的唾液分泌就是条件反射，后人称之为“经典性条件作用”。

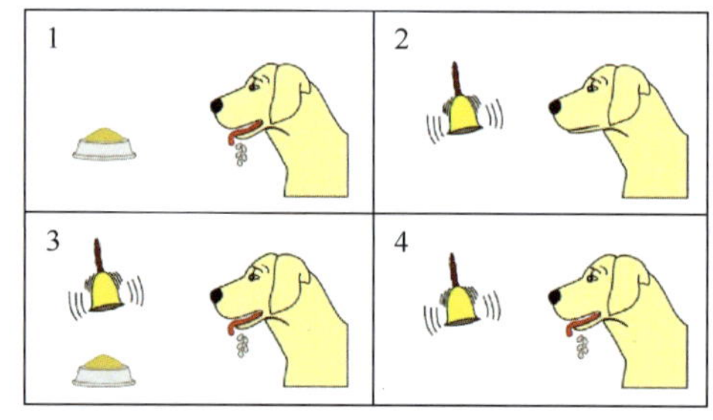

（2）体液调节

体液调节是指人体内产生的一些特殊化学物质通过体液对某些组织或器官的活动进行调节的过程。有些激素靠血液运输，环流全身，称为全身性体液因素。例如，甲状腺分泌的甲状腺素经过血液运输到各组织器官，可以促进组织代谢，增加产热量，促进生长发育，提高中枢神经兴奋度。

体液调节的特点是：反应较缓慢，作用持续时间长，作用范围广泛。

（3）自身调节

自身调节是指某些细胞或组织器官凭借本身内在特性，不依赖神经调节和体液调节，对内环境变化产生特定适应性反应的过程。例如，肾小球的入球小动脉内压力增高时，牵张了入球小动脉平滑肌，触发其收缩，使入球小动脉管径变小，阻力增加，从而使血流量减少，维持了正常的肾小球滤过率。

自身调节的特点是：调节强度较弱，影响范围小，且灵敏度较低。自身调节常局限于某些器官或组织细胞内，但对于该器官或组织细胞生理活动的功能调节仍然具有一定的意义。

上述三种调节方式既有各自的特点，又密切联系、相互配合、共同调节，维持内环境的稳态，保证机体生理活动的正常进行。因此，面对内外环境的变化，正常生理范围内的调节总是朝着让内环境保持相对稳定的方向进行。

2. 反馈调节

反馈调节作为生命系统中非常普遍的调节机制，对于机体维持稳态具有重要意义。

在一个系统中，系统本身工作的效果反过来又作为信息调节该系统的工作，这种调节方式称为反馈调节。反馈调节分为正反馈调节和负反馈调节。

（1）正反馈调节

正反馈调节反馈的信息不是制约控制部分的活动，而是促进与加强控制部分的活动。在病理情况下，会有许多正反馈调节的情况发生。例如，在大量失血时，心脏射出的血量减少，血压明显降低，冠状动脉的血流量就会减少，使心肌收缩力减弱，心脏射出的血量因而就更少，如此反复，最后可导致死亡。在这个正反馈调节过程中，心脏活动减弱后，经过反馈控制，心脏活动更弱。这类反馈控制过程常称为恶性循环。

（2）负反馈调节

负反馈调节是指从受控部分发出的反馈信息可以调整控制部分的活动，从而使输出变量向着与原来相反的方向变化。也就是说：当某种生理活动过强时，负反馈调节可使该生理活动减弱；而当某种生理活动过弱时，负反馈调节又可反过来使该生理活动增强。例如，脑内的心血管中枢通过交感神经和迷走神经控制心脏和血管的活动，可使动脉血压维持在一定的水平。负反馈调节在机体各种生理功能调节中最为常见，它对维持机体各种生理活动的相对稳定具有重要意义。

思考与练习

1. 简述细胞的基本结构。
2. 讨论分析骨骼肌的收缩原理。
3. 绘制神经元的形态及结构。
4. 绘制人体的轴与面。
5. 什么是内环境？它有何生理意义？
6. 人体生理功能的调节方式有哪些？请举例说明。

模块二
运动系统

运动系统由骨、关节和骨骼肌组成。骨以不同形式相连，构成骨骼，形成了人体的基本形态，并为肌肉提供附着。肌肉在神经支配下收缩，牵拉其所附着的骨，以可动的骨连接为枢纽产生杠杆运动。

情景引入

患者王某，男，80岁，平时健康，不慎跌倒后不能站起，右下肢不能支撑体重，不能行动，经X射线摄片检查发现右侧股骨粗隆间骨折。经过一段时间的治疗后，王某回到养老院进行休养。

问题：

1. 为什么老年人易发生骨折？刚学会走路的婴幼儿经常摔跤，为什么不易发生骨折？

2. 下肢的主要功能是什么？

3. 王某应该如何恢复？

课题一 运动系统的组成与功能

学习目标

- 掌握运动系统的组成。
- 了解运动系统的主要功能。

一、运动系统的组成

运动系统由骨、关节和骨骼肌组成，如图 2–1–1 所示。

骨是以骨组织为主体构成的器官，是在结缔组织或软骨基础上经过较长时间的发育过程（骨化）形成的。

人体的骨和骨借助于结缔组织、软骨或骨相连，形成骨连接。骨连接从连接形式上可分为直接连接（不动连接）和间接连接（可动连接）两种。

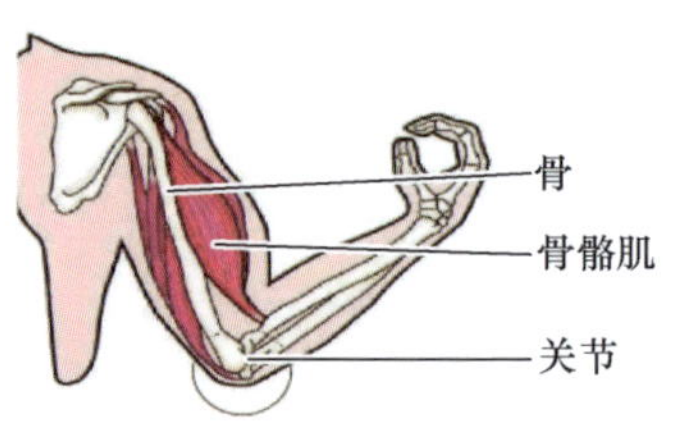

图 2–1–1 运动系统的组成

运动系统的肌均属于骨骼肌。每块肌都具有一定的形态、结构、位置和辅助组织，并有固定的血管、淋巴管和神经分布，具有执行一定运动的功能，所以每块肌都可视为一个器官。

从运动角度看，骨是被动部分，骨骼肌是动力部分，关节是运动的枢纽。在体表能看到或摸到的一些骨的凸起或肌的隆起称为体表标志，它们对于定位体内的器官、组织等具有标志性意义。

二、运动系统的主要功能

1. 运动

人的运动是很复杂的，包括简单的移位和高级活动（如语言、书写等），都是在神经系统支配下由肌肉收缩实现的。即使一个简单的运动，往往也有多块肌肉参加。一些肌肉收缩，另一些肌肉予以协同配合。有些拮抗肌则适度放松并保持一定的紧张度，以使动作平滑、准确。这些肌肉起着相辅相成的作用。

2. 支持

支持包括构成人体体形、支撑体重和内部器官以及维持体姿。人体姿势除了靠骨和骨连接的支架作用外，主要靠肌肉的紧张度来维持。骨骼肌经常处于不随意的紧张状态中，即通过神经系统反射性地维持一定的紧张度。在静止姿态时，需要互相对抗的肌群各自保持一定的紧张度，从而实现动态平衡。

3. 保护

人的躯干形成了几个体腔，其中颅腔保护和支持脑髓和感觉器，胸腔保护和支持心、大血管、肺等重要脏器，腹腔和盆腔保护和支持消化系统、泌尿系统、生殖系统的众多脏器。这些体腔由各种骨连接，构成完整的壁或大部分骨性壁。肌肉也构成某些体腔壁的一部分（如腹前、外侧壁及胸廓的肋间隙等），或围在骨性体腔壁的周围，形成颇具弹性和韧度的保护层。当受外力冲击时，肌肉反射性地收缩，起着缓冲打击和震荡的重要作用。

课题二
骨和骨连接

学习目标

- 了解骨的分类和构造，以及关节的基本结构。
- 熟悉脊柱、胸廓及颅骨的组成、形态及特点。
- 掌握全身骨的数目、位置、名称、形态、结构及重要骨性标志，掌握肩、髋等关节的位置、组成及特点。

人体共有 206 块骨，它们相互连接，构成人体的骨架——骨骼。骨分为颅骨、躯干骨和四肢骨三大部分。其中，颅骨 29 块，躯干骨 51 块，四肢骨 126 块。

一、骨

1. 骨的分类

按形态不同，骨可分为长骨、短骨、扁骨和不规则骨四类，如图 2-2-1 所示。

（1）长骨

长骨主要存在于四肢，呈长管状，可分为一体两端。骨体又称骨干，其外周部骨质致密，中央为容纳骨髓的骨髓腔。长骨两端较膨大，称为骺。骺的表面有关节软骨附着，形成关节面。长骨与相邻骨的关节面构成运动灵活的关节，以适应较大范围的运动。

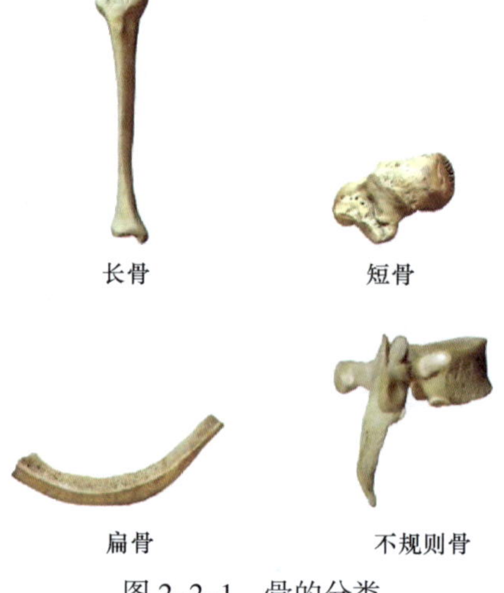

图 2-2-1　骨的分类

（2）短骨

短骨为形状各异的短柱状或立方体状骨块，多成群分布于手腕、足的后半部和脊柱等处。短骨能承受较大的压力，常在多个关节面与相邻的骨形成微动关节，并常辅以坚韧的韧带，构成适于支撑的弹性结构。

（3）扁骨

扁骨呈板状，主要构成颅腔和胸腔的壁，以保护内部的脏器。扁骨（如肢带骨中的肩胛骨和髋骨）还为肌肉附着提供宽阔的骨面。

（4）不规则骨

不规则骨形状不规则且功能多样，有些骨内还生有含气的腔洞，称为含气骨，如构成鼻旁窦的上颌骨和蝶骨等。

2. 骨的构造

骨以骨质为基础，表面覆以骨膜，内部充以骨髓。

（1）骨质

骨质由骨组织构成，分密质和松质。骨密质质地致密，耐压性较强，分布于骨的表面。骨松质呈海绵状，由相互交织的骨小梁排列而成，分布于骨的内部。骨小梁的排列与骨所承受的压力和张力的方向一致，因而能承受较大的重量。颅盖骨表层为密质，分别称为外板和内板。外板厚而坚韧，富有弹性；内板薄而松脆，故颅骨骨折多见于内板。骨的内部构造如图 2-2-2 所示。

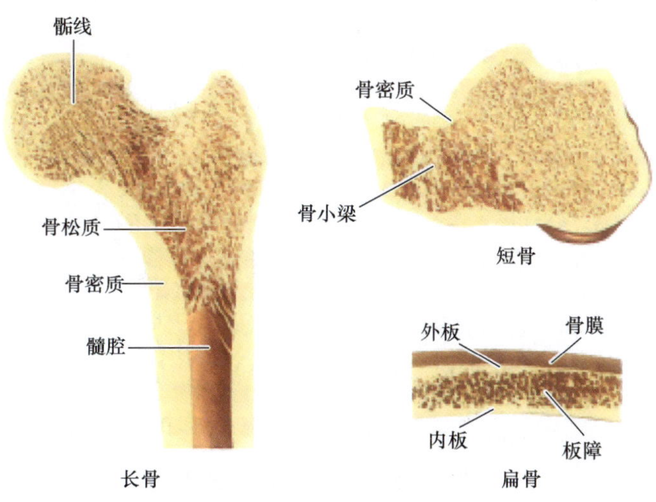

图 2-2-2　骨的内部构造

(2)骨膜

除关节面外，新鲜骨的表面都覆有骨膜。骨膜由结缔组织构成，含有丰富的神经和血管，对骨的营养、再生和感觉有重要作用。骨膜可分为内外两层。外层致密，有许多胶原纤维束穿入骨质，使骨膜固着于骨面；内层疏松，含有成骨细胞和破骨细胞，二者分别具有产生新骨质和破坏骨质的功能。人的幼年期骨膜非常活跃，直接参与骨的生成。成年时骨膜转为静止状态，但是骨一旦发生损伤（如骨折），骨膜又重新恢复功能，参与骨折端的修复愈合。如果骨膜剥离太多或损伤过大，则骨折愈合困难。

(3)骨髓

骨髓填充在骨髓腔和松质间隙内，如图 2-2-3 所示。胎儿和幼儿的骨髓内含有与发育阶段相应的红细胞和某些白细胞，呈红色，称为红骨髓，有造血功能。5 岁以后，长骨骨干内的红骨髓逐渐被脂肪组织代替，呈黄色，称为黄骨髓，失去造血活力。但在慢性失血过多或重度贫血时，黄骨髓可转化为红骨髓，恢复造血功能。而在椎骨、髂骨、肋骨、胸骨及股骨的近侧端松质内，终生都是红骨髓。因此，临床常选髂后上棘等处进行骨髓穿刺，检查骨髓参数。

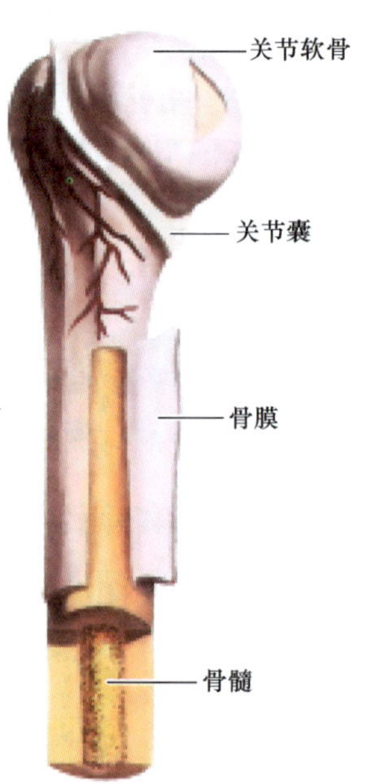

图 2-2-3　骨髓

3. 骨的化学成分和物理性质

骨由有机质和无机质组成。有机质主要是胶原纤维束和黏蛋白等，构成骨的支架，赋予骨以弹性和韧性。无机质主要是碱性磷酸钙，使骨坚硬挺实。脱钙骨（去除无机质）仍具有原骨形状，但柔软有弹性；煅烧骨（去除有机质）虽然形状不变，但脆而易碎。有机质和无机质两种成分的比例随年龄的增长而发生变化。幼儿时期，骨的有机质和无机质各占一半，故骨的弹性较大，柔软易变形，在外力作用下不易骨折或折而不断（称为青枝骨折）。成年人骨有机质和无机质的比例约为 3 ∶ 7，最为合适，因而骨具有较高的硬度和一定的弹性。老年人的骨有机质所占比重更小，脆性增强，但因激素水平下降，影响钙、磷的吸收和沉积，所以骨质呈现多孔性，骨组织总量减少，表现为骨质疏松症。此时骨的脆性较强，易发生骨折。

情景提示

王某的骨折就与此有关。

二、骨连接

骨连接为骨和骨之间的连接装置，根据连接形式不同，骨连接可分为直接连接和间接连接。其中，直接连接结构较紧密、坚固而无腔隙，活动度小。骨连接中的间接连接又称关节、可动关节或滑膜关节，是骨连接的最高分化形式。骨与骨的相对面之间无直接连接而有腔隙，充有滑液，通过其周围的结缔组织相连，活动度大。

1. 关节的基本结构

关节的基本结构如图 2-2-4 所示。

（1）关节面

关节面是构成关节各相关骨的接触面，每一关节至少包括两个关节面，一般为一凸一凹，凸的称为关节头，凹的称为关节窝。关节面上覆盖着一层光滑的软骨，可减少运动时的摩擦。软骨有弹性，还能减缓运动时的震动和冲击。

（2）关节囊

关节囊是由致密结缔组织构成的囊，附于关节面周围的骨面并与骨膜融合，像袖套一样把构成关节的各骨连起来，并密闭关节腔。关节囊的松紧和厚薄因关节的不同而异，活动度较大的关节的关节囊较松弛而薄。关节囊可分为内外两层，外层为纤维膜，内层为滑膜。

（3）关节腔

关节腔是指由关节软骨和关节囊滑膜共同围成的密闭腔隙。腔内有少量滑液，关节腔内呈负压，对维持关节的稳定性有一定的作用。

2. 关节的辅助组织

某些关节为适应特殊功能的需要而进化出一些特殊组织，以增强关节的灵活性和稳固性。

（1）韧带

韧带是连于相邻两骨之间的致密纤维结缔组织束，可增强关节的稳固性，如图 2-2-5 所示。

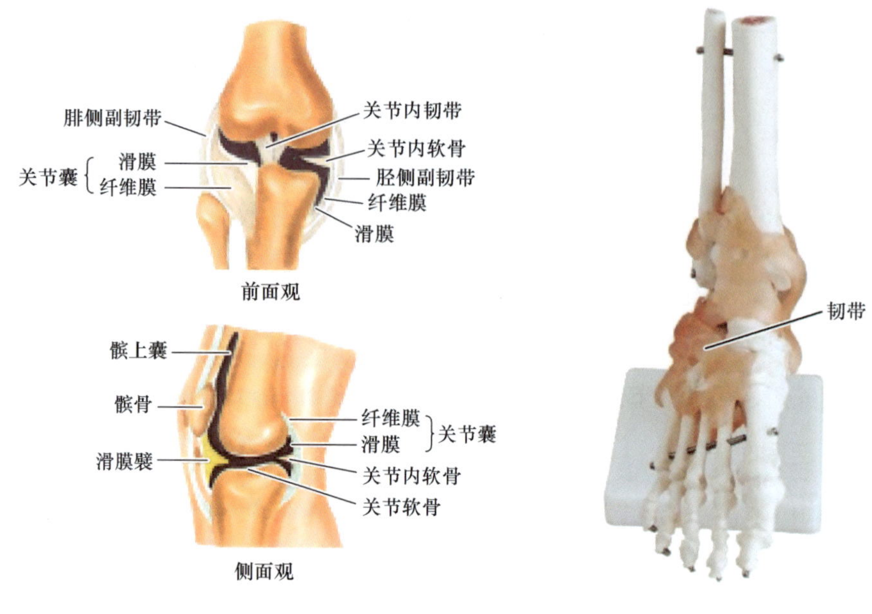

图 2-2-4　关节的基本结构

图 2-2-5　韧带

(2) 关节内软骨

关节内软骨是存在于关节腔内的纤维软骨，有关节盘和关节唇两种。

1) 关节盘

关节盘是位于两关节面之间的纤维软骨板，其周缘附着于关节囊内面，将关节腔分为两部分。有的关节盘呈半月形，称为关节半月板。关节盘可使关节面更为适配，以减轻外力对关节的冲击和震动。

2) 关节唇

关节唇是附着于关节窝周缘的纤维软骨环，它加深关节窝，增大关节面，有增强关节稳固性的作用。

(3) 滑膜襞和滑膜囊

有些关节的滑膜面积大于纤维膜面积，以致滑膜重叠卷折，并突向关节腔而形成滑膜襞。有的关节的滑膜内含脂肪和血管，则形成滑膜脂垫。有些关节的滑膜从纤维膜缺口或薄弱处膨出，充填于肌腱与骨面之间，形成滑膜囊，它可减少肌肉活动时与骨面之间的摩擦。

3. 关节的运动

关节可围绕一定的轴运动，不同关节的运动形式和范围不同。关节的运动形式有以下几种：

（1）屈和伸

屈和伸通常是指关节沿冠状轴进行的运动。运动时，相关关节两骨之间的角度变小称为屈，角度增大称为伸。

（2）收和展

收和展是指关节沿矢状轴进行的运动。运动时，骨向正中矢状面靠拢称为内收，远离正中矢状面称为外展。

（3）旋转

旋转是指关节沿垂直轴进行的运动。运动时，骨向前内侧旋转称为旋内，向后外侧旋转称为旋外。将手背转向前方的运动称为旋前，将手掌恢复到向前而手背转向后方的运动称为旋后。

（4）环转

环转是指运动的骨的上端在原位转动，下端则做圆周运动，全骨描绘出一个圆锥形轨迹的运动。环转实际上是屈、展、伸、收依次衔接的连续运动。

知识补给站

康复训练对关节的影响

系统的康复训练会使关节的形态、结构和关节周围组织的结构产生许多适应性的变化。

一是可使关节面软骨和骨密质增厚，骨小梁变粗，从而提高关节的负载量。

二是可使关节囊和韧带增厚，关节周围的肌肉发达，从而加强关节的牢固性。

三是可使关节囊、韧带和关节周围肌肉的伸展性增强，从而增强关节的灵活性。

三、骨及骨连接的分布与功能

1. 躯干骨及其连接

躯干骨包括脊柱和胸廓两部分。脊柱是人体躯干的支柱，具有支撑头部，支撑和保护胸、腹、盆部器官，完成各种运动的功能。胸廓除支撑保护胸部内脏外，还有完成呼吸运动的功能。

（1）脊柱各骨的形态

脊柱由椎骨构成，成人椎骨共 26 块，包括颈椎（7 块）、胸椎（12 块）、腰椎（5 块）、骶骨（1 块）和尾骨（1 块）。它们具有类似的形态和功能，又有各自的特殊之处。

1）椎骨的一般形态

一般椎骨都有一个椎体和一个椎弓。椎体约呈短圆柱状，内部为骨松质，外部为薄层骨密质。上、下椎体以软骨连成柱状，支撑体重。椎弓在椎体后方，有七个突起，与椎体相连的部分称为椎弓根，稍细，上下各有一切迹，下切迹较明显。相邻椎骨之间在椎弓根处形成椎间孔。

2）颈椎、胸椎、腰椎的主要特征

①颈椎。颈椎共 7 块，第 1、第 2 颈椎属于特殊椎骨。一般颈椎的椎体较小，近似长方形，它上面的左右两端上翘，与上位椎骨椎体侧缘构成关节。其发生病变时可致椎间孔狭窄，压迫脊神经，产生症状。颈椎椎孔较大，横突生有横突孔是颈椎最显著的特点。横突孔内有椎动脉、椎静脉。颈椎关节突不明显，关节面近于水平位。颈椎棘突一般短而平，末端分叉。第 7 颈椎的棘突不分叉且特别长，在颈部皮下，容易扪到，故又名隆椎，如图 2-2-6 所示。

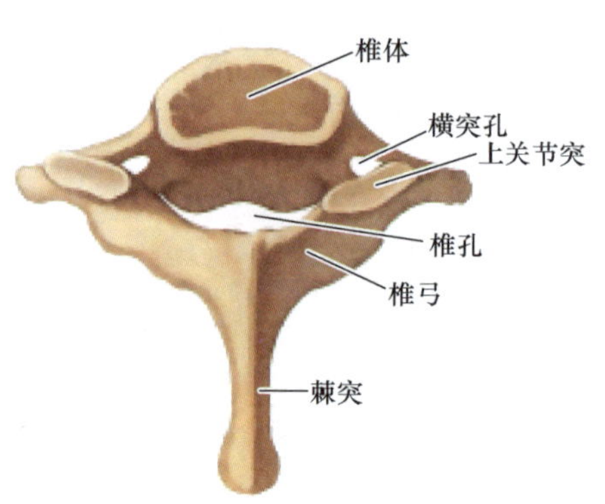

图 2-2-6　第 7 颈椎（上面观）

知识补给站

低头族，颈椎病离你真的不远了

研究表明，一个人的头部重约 5 kg，当前倾看手机等电子设备时，由于重力力矩作用，一个人颈部肌肉就要承受 25 kg 以上的重量。

长时间低头最直接的危害就是引发颈椎病。长时间低头玩手机、平板电脑等，容易造成颈、肩部肌肉僵硬、痉挛，时间久了就可能会导致颈椎曲度变直、颈椎间盘突出等，也可能出现探脖等体征。

②胸椎。胸椎（见图 2-2-7）共 12 块，从上向下椎体逐渐增大，横截面近似

三角形。椎体的后外侧上下缘处有与肋骨相接的半关节面，称为肋凹。横突的前面也有横突肋凹，与肋结节形成关节。胸椎的棘突长，伸向后下方，邻位椎骨的棘突依次掩叠。胸椎的关节突明显，其关节面位于冠状轴方向。

第 1 胸椎的肋凹有一个圆形的全肋凹和一个半圆形的下肋凹，第 10 胸椎只有一个上肋凹，第 11、第 12 胸椎各有一个全肋凹，横突无肋凹。

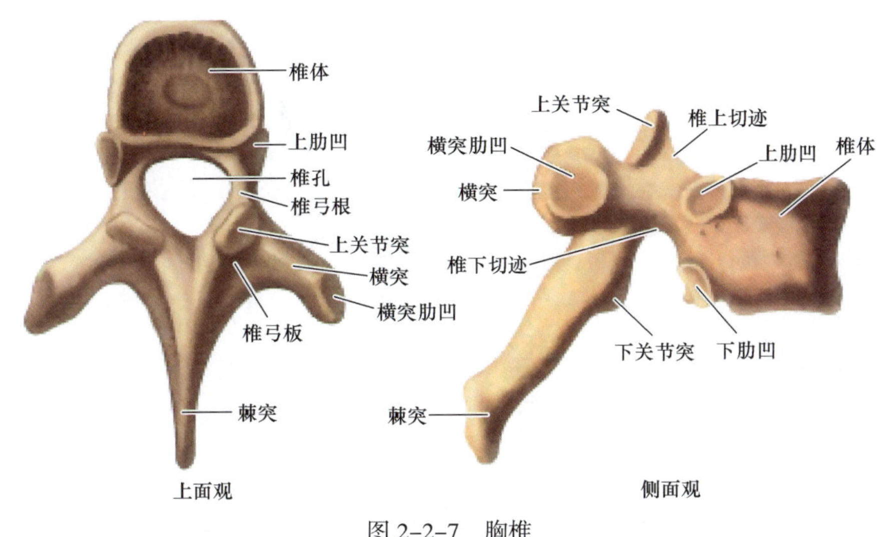

图 2-2-7　胸椎

③腰椎。腰椎共 5 块，椎体大，约呈蚕豆状。其椎孔大，棘突为板状，位于矢状轴方向平伸向后，上、下关节突的关节面近于矢状轴方向，如图 2-2-8 所示。

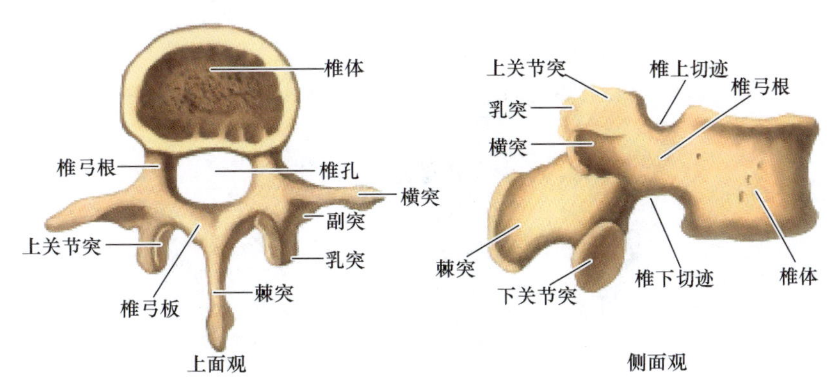

图 2-2-8　腰椎

3）特殊椎骨

①寰椎。寰椎是第 1 颈椎，呈环形，分前弓、后弓和左右侧块。前弓较短，内

面有关节面，称为齿突凹。后弓长，中点略向后方突起，称为寰椎后结节。寰椎无椎体、棘突和关节突。

②枢椎。枢椎为第 2 颈椎，椎体上方有齿突，与寰椎齿突凹形成关节。枢椎其余部位形态与一般颈椎相同，如图 2-2-9 所示。

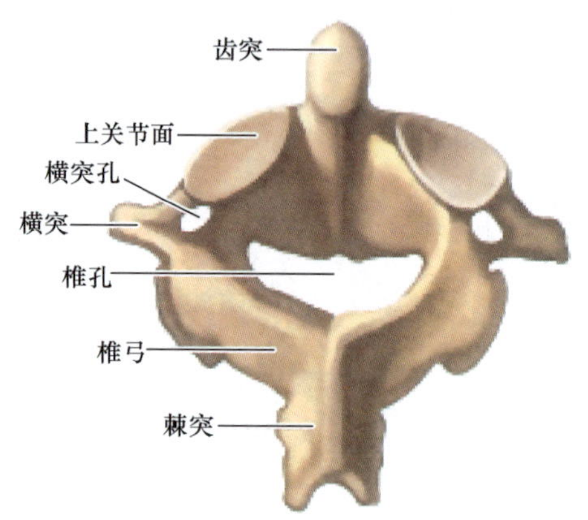

图 2-2-9　枢椎（上面观）

4）骶骨

骶骨由五块骶椎合并而成，全骨上大下小，前凹后凸，上面为底，下端为尖。

5）尾骨

尾骨由 4 ~ 5 节退化尾椎组成。

骶骨和尾骨如图 2-2-10 所示。

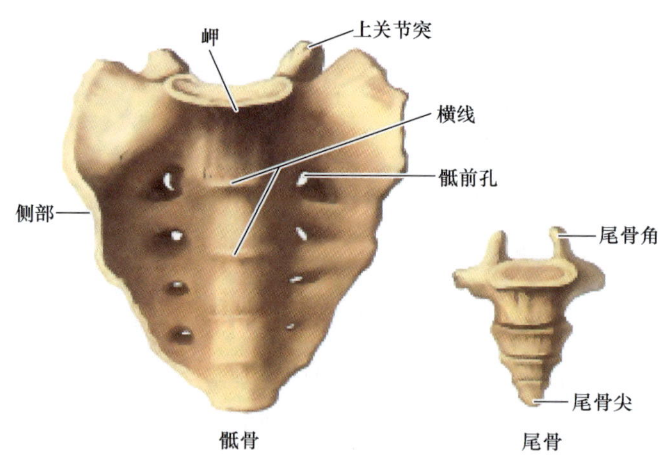

图 2-2-10　骶骨和尾骨（前面观）

(2) 完整脊柱的形态及功能

脊柱由椎骨、骶骨和尾骨通过椎间盘、椎间关节及许多韧带连为一个整体（见图 2-2-11），既坚固又柔韧。直立时由于椎间盘弹性压缩，脊柱的长度比卧位时稍短。从前面看，脊柱各骨的椎体从上至下逐渐增大，至骶骨又迅速变小。这是椎体的负荷由小到大，又经骶骨将负荷传至下肢的有别于四足动物的进化表现。脊柱的后面可见成排的棘突和横突，棘突旁有许多背部肌肉，可以稳定脊柱，并牵动棘突、横突做各种动作。背部的棘突可以从第 7 颈椎开始触摸计数，是常用的定位标志。棘突的方向在颈、腰段较平，在胸部较斜，临床上常在腰段进行穿刺。从侧面看，各椎骨的椎体、横突和棘突均清晰可见，还可看到椎弓根及其间的椎间孔、骶管侧面的耳状关节面。从脊柱整体的侧面可见四个弯曲。颈曲和腰曲凸弯向前，椎间盘较厚，其前部尤甚；胸曲和骶曲凸弯向后，椎间盘变薄。

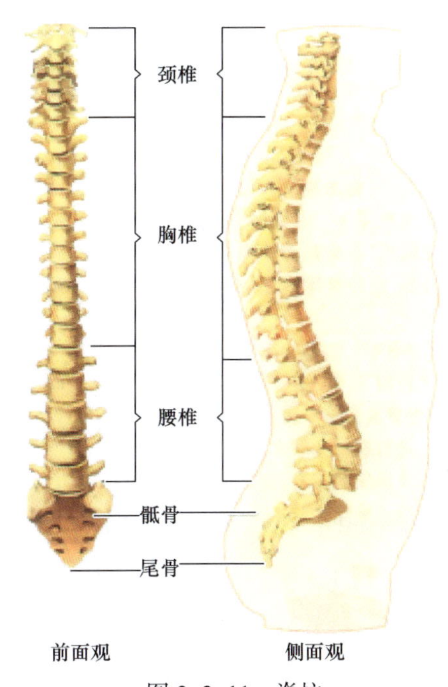

图 2-2-11 脊柱

脊柱除有支撑和保护功能外，还有灵活的运动功能。虽然在相邻两椎骨间运动幅度很小，但多数椎骨间的运动累积在一起，就可进行较大幅度的运动，其运动方式包括屈伸、侧屈、旋转和环转等。脊柱各段的运动幅度不同，这与椎间盘的厚度、椎间关节的方向等制约因素有关。骶部完全不动，胸部很少动，颈部和腰部则比较灵活。

2. 胸廓

胸廓由 12 块胸椎、12 对肋骨和 1 块胸骨通过关节、软骨连接而成，如图 2-2-12 所示。胸廓各骨的形态如下：

(1) 肋骨

肋骨有 12 对，左右对称。后端与胸椎通过关节相连，前端仅第 1 ~ 7 肋通过软骨与胸骨相连，称为真肋。第 8 ~ 12 肋称为假肋。其中第 8 ~ 10 肋通过肋软骨与上一肋的软骨相连，形成肋弓；第 11、第 12 肋前端游离，又称浮肋。

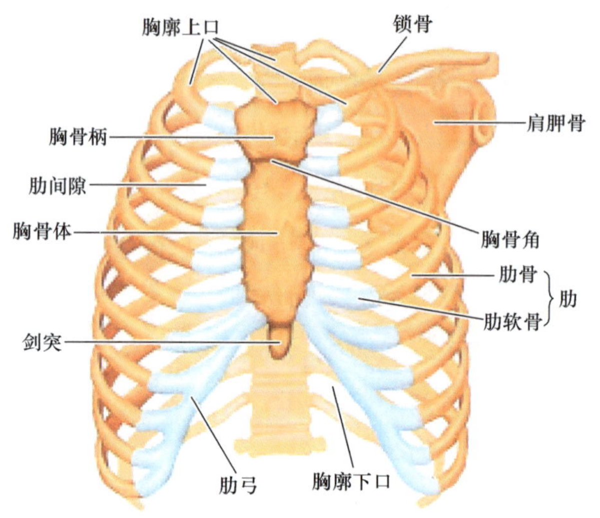

图 2-2-12　胸廓（前面观）

肋骨的一般形态是：后端稍膨大，称为肋头；关节面与胸椎的肋凹形成关节，从肋头向后外变细，称为肋颈；再向外变扁成肋体。

（2）胸骨

胸骨是位于胸前壁正中的扁骨，体扁而长，形似短剑，分柄、体、剑突三部分。胸骨柄上缘中部微凹，称为颈静脉切迹，其两侧有锁骨切迹，与锁骨通过关节相连。柄侧缘接第 1 肋软骨。其下缘与胸骨体连接处微向前突，称为胸骨角，从体表可以触及。因其两侧恰与第 2 肋软骨通过关节相连，所以它是确定肋骨序数的重要标志。

3. 颅骨

颅骨是头部的支架，由 23 块不同形状的骨组成，容纳并保护脑、眼、耳、鼻及口等器官。容纳脑的部分称为脑颅，大致呈卵圆形，位于全颅的上后部。前下部为面颅，主要由眶腔、鼻腔和口腔组成。耳位于颞骨内，外面仅见外耳门。脑颅和面颅可由眶部上缘至外耳门上缘的连线分界。

（1）脑颅各骨

1）额骨

额骨（见图 2-2-13）位于前额处，可分为额鳞、眶部和鼻部三部分。

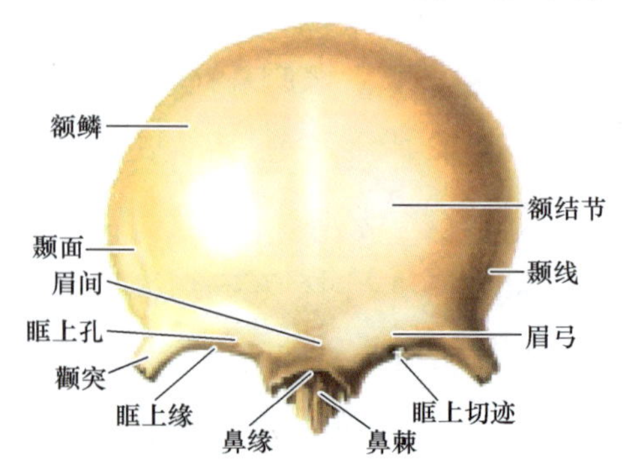

图 2-2-13　额骨（前面观）

2）顶骨

顶骨位于颅顶中部两侧，为方形扁骨，中央隆起处称为顶结节。

3）枕骨

枕骨（见图 2-2-14）位于顶骨之后，并延伸至颅底。在枕骨的下面中央有一个大孔，称为枕骨大孔，脑和脊髓在此处相连。

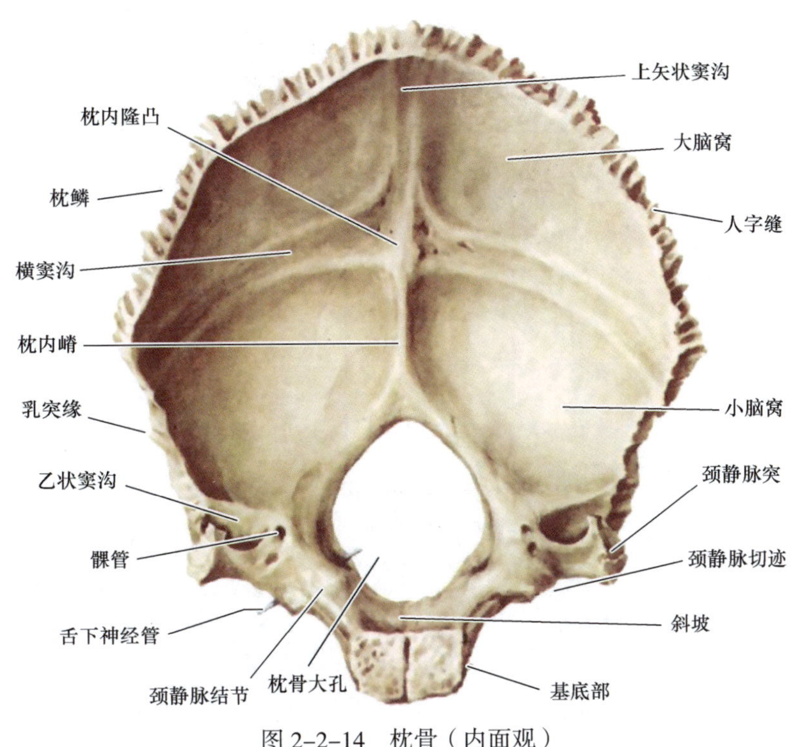

图 2-2-14　枕骨（内面观）

4）颞骨

颞骨位于颅骨两侧，并延伸至颅底，分为鳞部、鼓部和岩部三部分，周围与顶骨、枕骨及蝶骨相接，如图 2-2-15 所示。

5）蝶骨

蝶骨形如蝴蝶，位于前方的额骨、筛骨和后方的颞骨、枕骨之间，横向伸展于颅底部，如图 2-2-16 所示。蝶骨分为体、小翼、大翼和翼突四个部分。

6）筛骨

筛骨位于两眶之间，上接额骨鼻部并突入鼻腔内。筛骨分为筛板、垂直板和筛骨迷路三部，约呈巾字形。

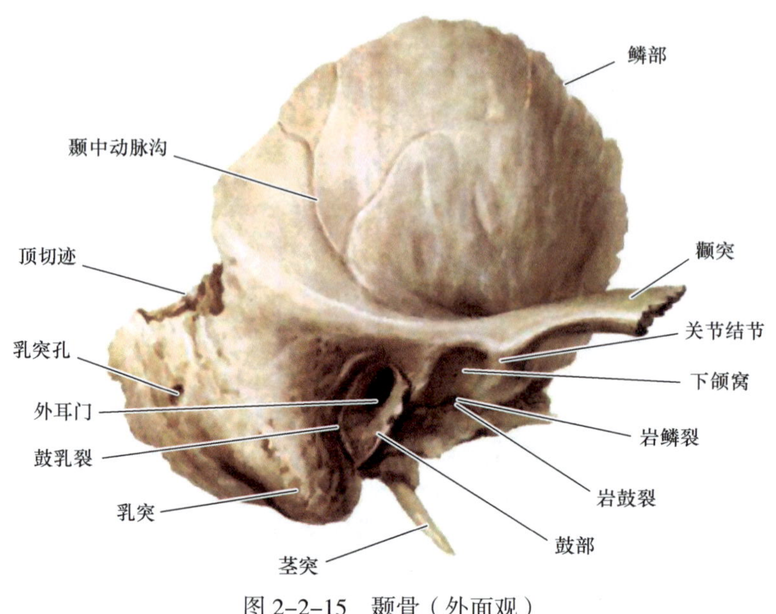

图 2-2-15　颞骨（外面观）

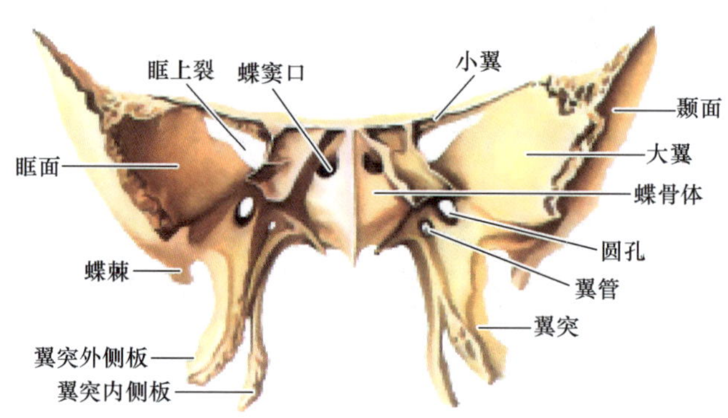

图 2-2-16　蝶骨（前面观）

（2）面颅各骨

面颅共 9 种 15 块骨，最大的是上颌骨和下颌骨，其余均较小，围绕大的骨块分布。

1）上颌骨

上颌骨左右各一块，位于面部中央，分为体和 4 个突。

2）下颌骨

下颌骨位于上颌骨下方，分为水平部分的体和两侧垂直的支，如图 2-2-17 所示。

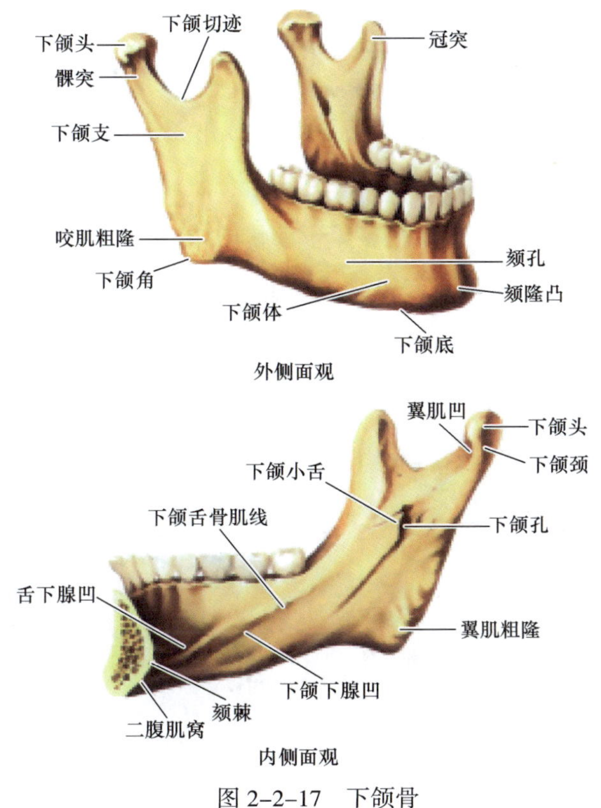

图 2-2-17　下颌骨

3）其他面颅骨

其他面颅骨包括颧骨、泪骨、鼻骨、下鼻甲、腭骨、犁骨和舌骨。颧骨一对，对称分布于面部两侧，呈四边形，厚而坚，向前内方与额骨、上颌骨相接，向后外方与颞骨颧突相连。泪骨一对，位于眶内侧壁前部，上颌骨额突与筛骨迷路的眶板之间，为薄而脆的小骨片。鼻骨一对，位于上颌骨额突的前内侧，为构成鼻背的小骨片。下鼻甲一对，为卷曲的贝壳状薄骨片，附于上颌骨的鼻面。腭骨一对，位于上颌骨鼻面后部，为 L 形的薄骨片，包括构成鼻腔侧壁的垂直板和组成硬腭后部的水平板。犁骨一块，为四边形薄骨片，位于鼻中隔的后下部。舌骨一块，位于下颌骨体的后下方，形如马蹄铁。

4. 附肢骨

（1）上肢骨

上肢骨包括上肢带骨和自由上肢骨两大部分。前者有锁骨和肩胛骨，后者包括臂部的肱骨、前臂部并列的尺骨、桡骨，以及每只手的 8 块腕骨、5 块掌骨和 14 块指骨。

1）上肢带骨（肩带骨）

①锁骨。锁骨位于胸廓前上方的皮下，呈 S 形，内侧 2/3 凸弯向前，外侧 1/3 凸弯向后。锁骨可分为内侧、外侧两端和体三部分。锁骨体较细而弯曲，位置较浅，受外力作用时易发生骨折，锁骨骨折多见于锁骨内中 1/3 交界处。

②肩胛骨。肩胛骨为三角形扁骨，位于胸廓背面脊柱的两侧，有三角、三缘和两面，如图 2-2-18 所示。

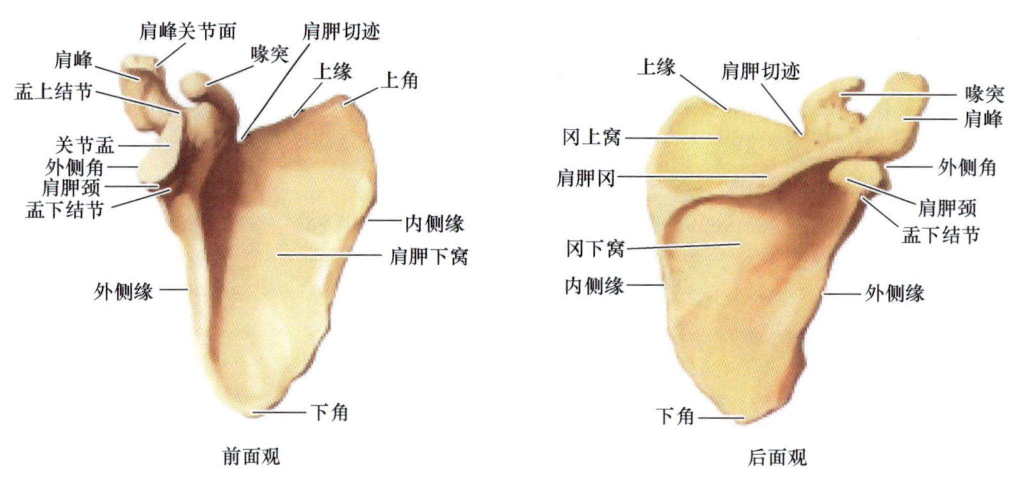

图 2-2-18　肩胛骨

2）自由上肢骨

①肱骨。肱骨是指臂部的长管状骨，分为一体两端，如图 2-2-19 所示。其上端膨大，向内上方突出的半球状关节面称为肱骨头，与肩胛骨的关节盂通过关节相连。其头部下方稍细，称为解剖颈。肱骨上端与体的移行处稍狭缩，称为外科颈，是骨折的好发部位。

②尺骨。尺骨位于前臂内侧，可分为一体两端。上端粗大，前面有一半月形的关节面，称为滑车切迹，与肱骨滑车通过关节相连。下端有两个隆起，即位于外侧的尺骨头和由尺骨头的内后方向下伸出的尺骨茎突。尺骨的远侧面及周边都有关节面。

③桡骨。桡骨上端形成扁圆形的桡骨头，其周缘有环形关节面；其下方光滑，缩细为桡骨颈；其下端特别膨大，近似立方体。

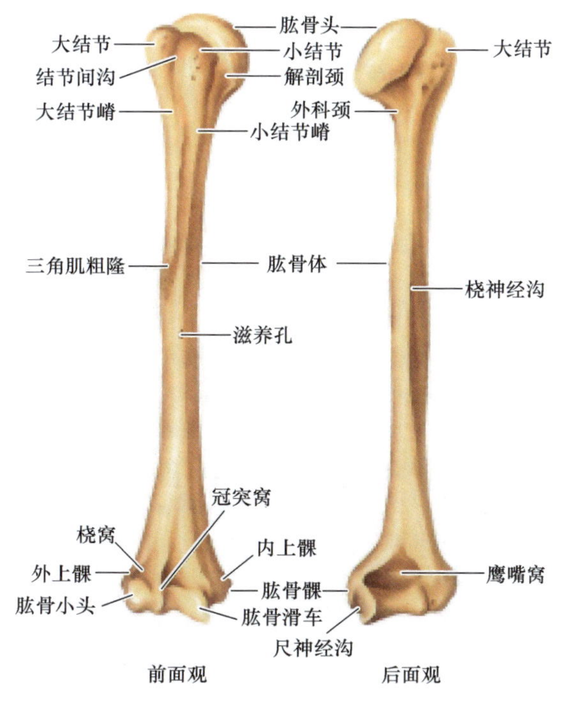

图 2-2-19　肱骨

④手骨。手骨较小，数量多，包括腕骨、掌骨和指骨三部分。

腕骨是短骨，位于手骨的近侧部。腕骨共有 8 块，分为两列，每列各 4 块。掌骨共 5 块，为小型长骨，由桡侧向尺侧依次为第 1 ~ 5 掌骨。拇指指骨为 2 节，其余各指均为 3 节，由近侧向远侧依次为第 1 节指骨（近节指骨）、第 2 节指骨（中节指骨）和第 3 节指骨（末节指骨）。

（2）下肢骨

下肢骨分为下肢带骨和自由下肢骨两部分。下肢带骨即髋骨，自由下肢骨包括股骨、髌骨、小腿骨（包括胫骨、腓骨）、足骨（包括跗骨、跖骨和趾骨）。

1）髋骨

髋骨为不规则的扁骨，如图 2-2-20 所示。16 岁以前，人的髋骨由髂骨、坐骨及耻骨以软骨连接而成，成年后软骨骨化，上述三骨在髋臼处融合。

2）自由下肢骨

①股骨。股骨是人体中最大的长管状骨，可分为一体两端，如图 2-2-21 所示。其上端朝向内上方，末端膨大呈球状，称为股骨头，与髋臼通过关节相连。其下端为两个膨大的隆起，向后方卷曲。

②髌骨。髌骨是人体内最大的籽骨，包埋于股四头肌肌腱内，为三角形的扁平骨。其底朝上，尖向下，前面粗糙，后面为光滑的关节面，与股骨的髌面相对，参与膝关节的构成。

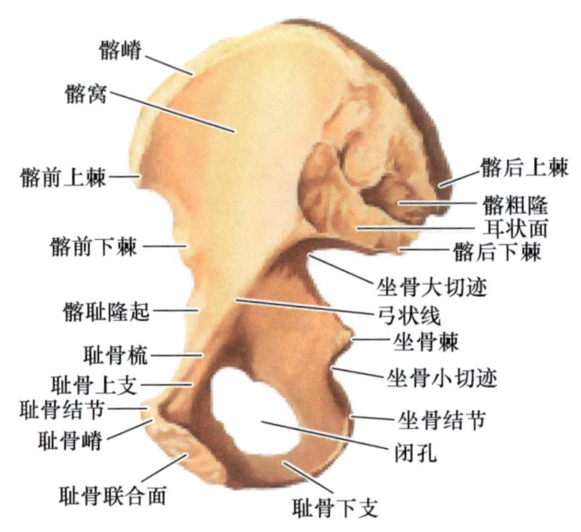

图 2-2-20 髋骨（内面观）

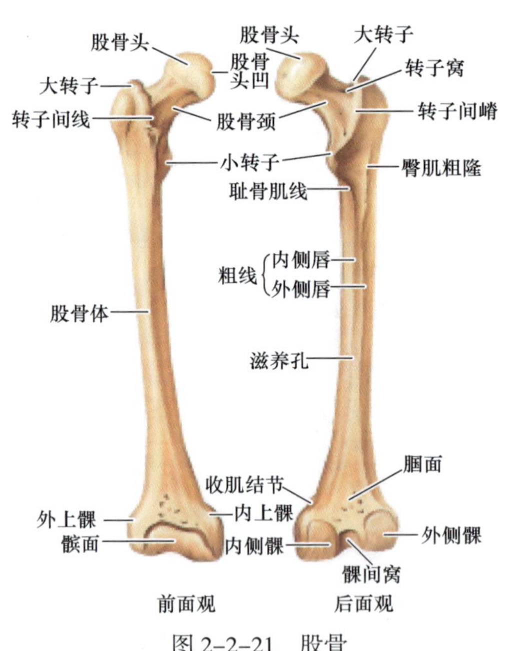

图 2-2-21 股骨

情景提示

人体下肢的功能主要是支撑躯体、承受体重和行走，因而下肢骨一般均比上肢骨粗大、笨重。王某跌倒后不能站立就是与股骨骨折有关。

③小腿骨。小腿骨包括胫骨和腓骨，胫骨位于内侧，腓骨位于外侧。胫骨为主体，上端单独与股骨下端相接。腓骨未参与膝关节的构成，而以微动关节及韧带连于胫骨外侧。两骨的下端都参与踝关节的构成。

④足骨。足骨包括跗骨、跖骨和趾骨三部分。

课题三
骨 骼 肌

学习目标

- ◆ 掌握肌的形态和结构。
- ◆ 掌握骨骼肌的分布与功能。

每块肌肉都是具有一定形态、结构和功能的器官，有丰富的血管、淋巴分布，在躯体神经支配下收缩或舒张，进行随意运动。肌肉具有一定的弹性，当拉力解除时，被拉长的肌肉可自动恢复到原来的状态。肌肉的弹性可以减缓外力对人体的冲击。肌肉内还有感受本身体位和状态的感受器，不断将冲动传向中枢，反射性地保持肌肉的紧张度，以维持体姿和保障运动时的协调。

一、肌的形态和结构

人体肌肉众多，但基本结构相似。一块典型的肌肉，可分为中间部的肌腹和两端的肌腱。肌腹是肌的主体部分，由横纹肌纤维组成的肌束聚集构成，色红，柔软而有收缩能力。肌腱呈索条或扁带状，由平行的胶原纤维束构成，色白，有光泽，但无收缩能力。肌腱附着于骨处，与骨膜牢固地结合在一起。

肌的形态各异，有长肌、短肌、扁肌、轮匝肌等类型，如图 2-3-1 所示。长肌多见于四肢，主要为梭形或扁带状，肌束的排列与肌的长轴相一致，收缩的幅度大，可形成大幅度的运动。但由于其横截面肌束的数目相对较少，故收缩力也较小。短肌多见于手、足和椎间。阔肌多位于躯干，组成体腔的壁。轮匝肌则围绕于眼、口等开口部位。

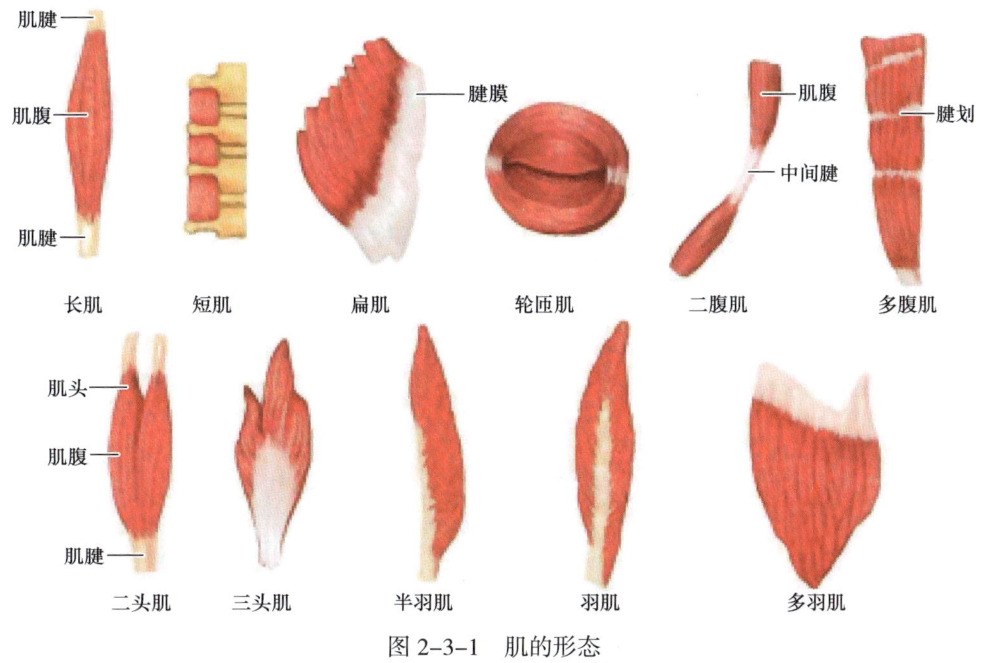

图 2-3-1 肌的形态

二、骨骼肌的分布与功能

人体部分骨骼肌如图 2-3-2 所示。

1. 躯干肌

躯干肌是指人体躯干上的肌肉群，包括背肌、胸肌、膈、腹肌和会阴肌。其中，背肌又包括斜方肌、背阔肌、竖脊肌等。

（1）斜方肌

斜方肌位于项、背部的浅层，一侧呈三角形，两侧合起来为斜方形，收缩时使肩胛向脊柱靠拢。该肌瘫痪时形成塌肩。

（2）背阔肌

背阔肌为全身最大的扁肌，位于背下部、腰部和胸侧壁，收缩时使臂内收、内旋和后伸，如背手姿势。临床上常利用背阔肌制作肌皮瓣或肌瓣修复大面积皮肤缺损，或用于心肌成形术，一般不会对其正常功能产生严重影响。

（3）竖脊肌

竖脊肌位于背部深层、棘突两侧的纵沟内，为两条强大的纵行肌柱。其收缩时使脊柱后伸，是维持人体直立的重要肌。

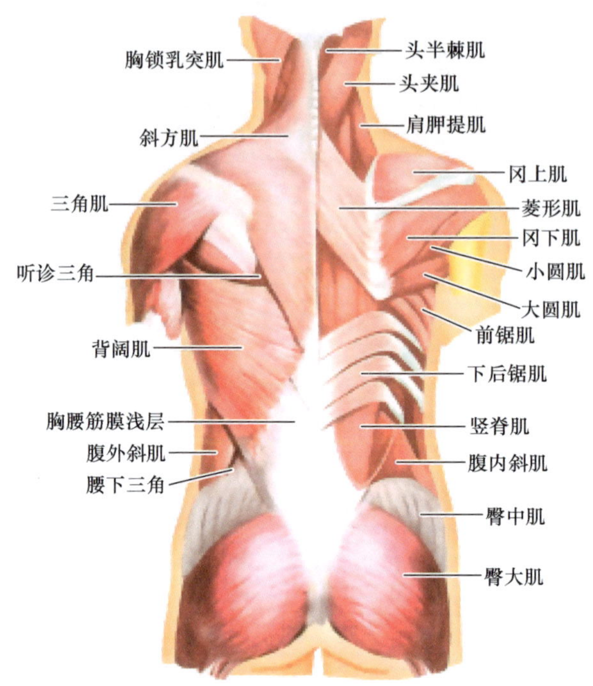

图 2-3-2　人体部分骨骼肌（后面观）

（4）胸肌

胸肌一部分起自胸廓，止于上肢骨，带动上肢，称为胸上肢肌。另一部分起、止均在胸廓上，收缩时带动胸廓，称为胸固有肌。

1）胸上肢肌

①胸大肌。胸大肌位于胸前壁的浅层，收缩时使肩关节内收、内旋和前屈。如上肢固定，可上提躯干。

②胸小肌。胸小肌位于胸大肌深面，呈三角形，可牵拉肩胛骨向前下方运动。

③前锯肌。前锯肌紧贴胸廓外侧壁，收缩时拉肩胛骨向前紧贴胸廓，其下部肌束拉肩胛骨下角外旋，助臂上举。

2）胸固有肌

胸固有肌位于肋间隙，主要包括肋间外肌和肋间内肌，如图 2-3-3 所示。肋间外肌的作用是提肋助吸气。肋间内肌位于肋间外肌的深面，作用是降肋助呼气。

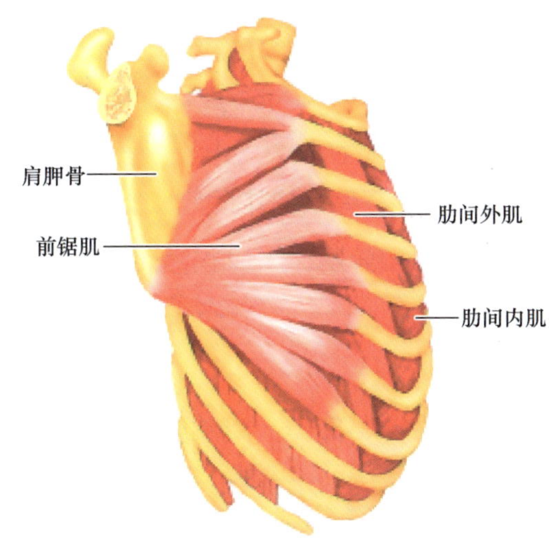

图 2-3-3　胸固有肌

（5）膈

膈是分隔胸腔、腹腔的一块扁肌，封闭着胸廓下口。膈向上膨隆，呈穹隆状。膈是重要的呼吸肌。膈收缩时，它的膨隆部下降，胸腔容积扩大，引起吸气；舒张时，膈的膨隆部升复原位，胸腔容积缩小，引起呼气。若膈与腹肌同时收缩，则使腹压增加，有协助排便、分娩等功能。

（6）腹肌

腹肌参与组成腹腔的前壁、侧壁和后壁，分为前外侧群和后群，如图 2-3-4 所示。

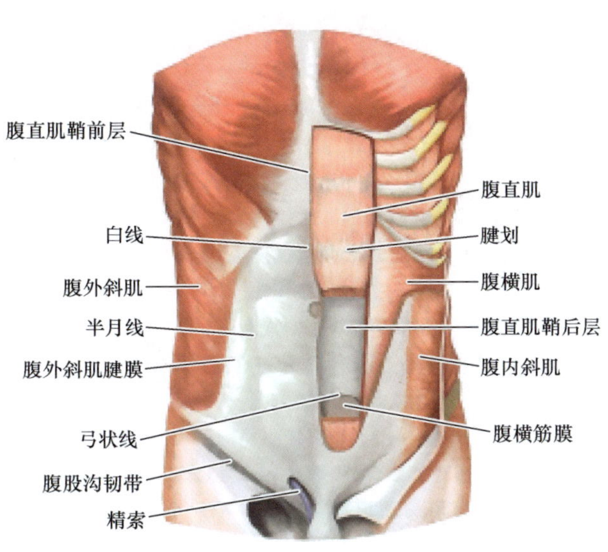

图 2-3-4　腹肌

1）前外侧群

前外侧群包括腹直肌、腹外斜肌、腹内斜肌和腹横肌。在男性腹内斜肌和腹横肌最下部生出一些细散的肌束，随精索降入阴囊，包绕睾丸，称为提睾肌，收缩时可上提睾丸。腹前外侧群的肌肉有保护和固定腹腔器官的作用，收缩时缩小腹腔，增加腹压，协助排便、呕吐和分娩。腹肌收缩时还可使脊柱进行前屈、侧屈和旋转。

2）后群

后群包括位于腹后壁的两块肌，即腰大肌和腰方肌。腰方肌位于腹后壁腰椎两侧，呈长方形，收缩时使脊柱侧屈。

（7）会阴肌

会阴肌是指封闭小骨盆下口的肌肉，主要有肛提肌、会阴浅横肌、会阴深横肌、尿道括约肌等。肛提肌呈漏斗状，封闭小骨盆下口的大部分。肛提肌承托盆腔脏器，并对肛管、阴道有括约作用。

2. 头肌

头肌分布于头面部，包括面肌和咀嚼肌，如图 2-3-5 所示。

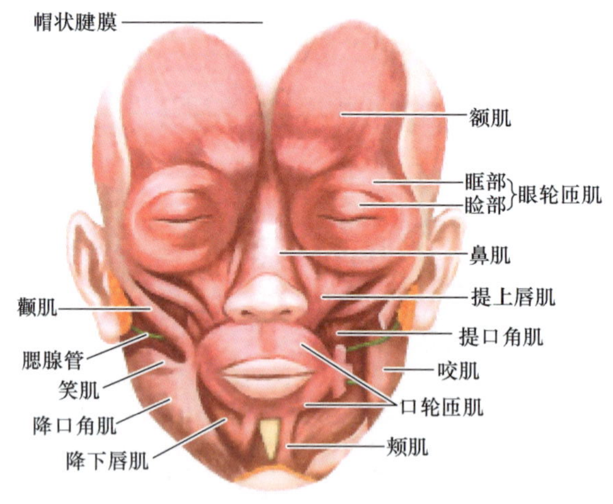

图 2-3-5　头肌

（1）面肌

面肌为扁薄的皮肌，位于浅表处，大多起自颅骨的不同部位，止于面部皮肤，主要分布于面部口、眼、鼻等孔裂周围。面肌有闭合或张大面部孔裂的作用，同时牵动面部皮肤形成喜怒哀乐等各种表情，故面肌又称表情肌。

面肌中的颅顶肌为颅顶部阔而薄的肌，包括左右各一的枕额肌等。该肌收缩时，枕肌可向后牵拉帽状腱膜，额肌可提眉并使额部皮肤出现皱纹。

眼轮匝肌位于眼裂周围，呈椭圆形，分为眶部、睑部和泪腺部。睑部纤维收缩时可眨眼，它与眶部纤维共同收缩可使眼裂闭合。泪腺部纤维收缩可扩大泪囊，使囊内产生负压，以利泪液引流。

人类肌肉在结构上高度分化，形成复杂的肌群，包括环形肌和辐射状肌。环绕口裂的环形肌称为口轮匝肌，收缩时闭口，并使上、下唇与牙贴紧。辐射状肌分别位于口唇的上方，能上提上唇、降下唇，或者拉口角向上、向下或向外。辐射状肌中较重要的是颊肌，它起自面颊深层，止于口角，收缩时使唇、颊贴紧牙齿，帮助咀嚼和吸吮，并可将口角拉向外侧与口轮匝肌共同作用，做出吹口哨等动作。

（2）咀嚼肌

咀嚼肌包括颞肌、咬肌、翼内肌和翼外肌，分布于颞下颌关节周围，参与咀嚼。

颞肌收缩时上提下颌骨，并可向后牵拉下颌骨。

咬肌收缩时上提下颌骨，同时向前牵引下颌骨。

翼内肌收缩时上提下颌骨，并使其向前运动。

翼外肌两侧同时收缩可牵引下颌骨向前，做张口运动；一侧收缩则使下颌骨向对侧移动。

3. 四肢肌

（1）上肢肌

上肢肌可分为肩肌、臂肌、前臂肌、手肌。

1）肩肌

肩肌主要有三角肌、冈上肌、冈下肌、小圆肌、大圆肌、肩胛提肌等。三角肌位于肩部，可使肩关节外展 90°。

2）臂肌

臂肌分前后两群。前群主要有肱二头肌、喙肱肌、肱肌等。肱二头肌有两个头，作用于肘关节，可屈肘关节及前臂旋后。后群为肱三头肌，其有三个头，作用于肘关节，可伸肘关节。

3）前臂肌

前臂肌比较复杂，位于桡骨、尺骨周围，包括前后两群，每群又可分为浅、深两层。前群一般为屈肌（可屈肘、屈腕、屈掌、屈指）或旋前肌（可使前臂旋前），后群一般为伸肌（可伸肘、伸腕、伸掌、伸指）或旋后肌（可使前臂旋后），每块肌的功能多与名称一致。

4）手肌

手肌可分为外侧群、中间群、内侧群。外侧群较发达，有 4 块，作用于拇指，隆起形成鱼际。中间群位于掌心或掌骨之间。内侧群有 3 块，作用于小指，形成小鱼际。

（2）下肢肌

下肢肌可分为髋肌、股肌、小腿肌、足肌。

1）髋肌

髋肌位于髋关节周围，作用于髋关节。分前后两群，前群主要有髂腰肌，后群主要有臀大肌和梨状肌等。髂腰肌由髂肌和腰大肌组成，可使髋关节前屈旋外。臀大肌位于臀部浅层，大而肥厚，其外上 1/4 部无重要血管神经，是临床肌肉注射的常用部位。梨状肌能使髋关节旋外。

2）股肌

股肌也称大腿肌，分为前群、内侧群和后群。

前群包括股四头肌等，股四头肌呈扁带状，位于股前部，是膝关节强有力的伸肌，如图 2-3-6 所示。

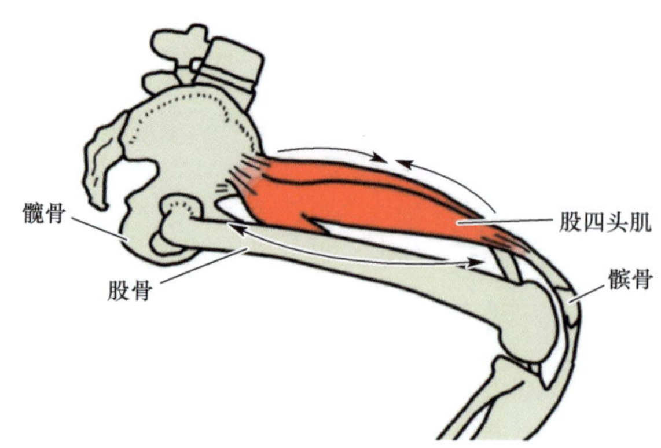

图 2-3-6　股四头肌

内侧群为 5 块内收肌，即长收肌、短收肌、大收肌、耻骨肌、股薄肌，均可使髋关节内收。

后群共 3 块，分别是股二头肌、半腱肌、半膜肌，它们均可屈膝关节、伸髋关节。

知识补给站

骨折后一定要进行康复治疗，这样可以改善或者预防骨折后因长时间不活动而导致的肌肉萎缩、关节僵硬，甚至引发血管栓塞、压疮、肺炎等。康复治疗可预防并发症的发生，使患者的骨关节功能恢复到最佳状态，明显提高患者生活质量。

3）小腿肌

小腿肌也比较复杂，分为前群、外侧群和后群。前群多为足的伸肌和内翻肌，后群多为足的屈肌和内翻肌，外侧群为足的外翻肌。

前群包括拇长伸肌、趾长伸肌、胫骨前肌等。外侧群包括腓骨长肌、腓骨短肌等。后群浅层有小腿三头肌等，深层有趾长屈肌、拇长屈肌和胫骨后肌。

4）足肌

足肌可分为足背肌和足底肌。

思考与练习

1. 请根据所学运动系统知识向情景引入中的王某解释骨的构造及作用，以及老年人骨质的改变。

2. 简述骨的形态和分类，并举例说明。

3. 运动系统的主要功能是什么？

4. 简述关节的基本结构。

5. 脊柱由哪些部分组成？

模块三
消 化 系 统

消化系统的主要功能是消化食物，吸收营养，排出食物残渣。消化系统与其他系统均有密切联系，并协调支配人体，使人体内各种复杂的生命活动能够正常进行。掌握消化系统的有关知识可以为实施口腔疾患护理、鼻饲、便秘护理、阑尾炎术后护理等照护工作打下基础。

情景引入

患者李某，女，73 岁，间断腹胀、腹痛 4 年余，一个月前复发，伴心悸、乏力、头晕。入院检查结果为：体温 36.5 ℃，心率 78 次 / 分，呼吸频率 20 次 / 分，血压 130/80 mmHg；神志清晰，呈慢性病容；腹平软，上腹及右下腹轻度压痛，无反跳痛及肌紧张。经诊断，李某患有慢性胃炎，现入住养老院。

问题：

1. 如何利用消化系统的知识来解释此病？
2. 李某应该如何健康饮食？

课题一
消化系统的组成

学习目标

- 掌握消化系统的组成、肝脏的形态及功能、胰的形态及功能。
- 熟悉消化管各段的形态、结构及位置。
- 了解消化管壁的一般结构、胰的内分泌部的组成。

消化系统分为消化管和消化腺两部分。

一、消化管

消化管是指从口腔到肛门的一段粗细不等的管道，包括口腔、咽、食管、胃、小肠（包括十二指肠、空肠、回肠）和大肠（包括盲肠、阑尾、结肠、直肠、肛管）。临床上通常把口腔至十二指肠的这一段称为上消化道，把空肠及以下部分称为下消化道。

1. 消化管壁的一般结构

除口腔外，消化管壁由内向外分为黏膜、黏膜下层、肌层和外膜四层，如图 3-1-1 所示。

（1）黏膜

黏膜由上皮层、固有层和黏膜肌层构成，位于消化管壁最内层，是消化管各段结构差异最大、功能最重要的部分。

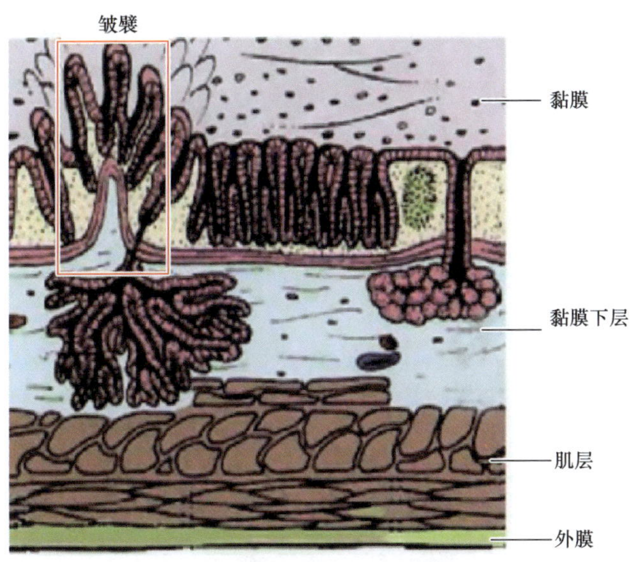

图 3-1-1 消化管壁一般结构

情景提示

李某的慢性胃炎就是发生在胃黏膜的慢性炎症。

（2）黏膜下层

黏膜下层由疏松结缔组织构成，内含丰富的血管、神经、淋巴管、淋巴组织和腺。在消化管的某些部位，黏膜和部分黏膜下层共同突向管腔，形成纵行或环形皱襞，以扩大表面积，有利于营养物质的吸收。

（3）肌层

消化管中咽、食管上段等部位的肌层是骨骼肌，其余都是平滑肌。某些部位环形肌增厚，形成括约肌。

（4）外膜

外膜是消化管的最外层。在咽、食管和直肠下部的外膜由薄层结缔组织构成，称为纤维膜。其他部位的外膜由结缔组织和间皮共同构成，称为浆膜，其表面光滑湿润，有利于器官的活动。

2. 消化管各段

消化管各段结构如图 3-1-2 所示。

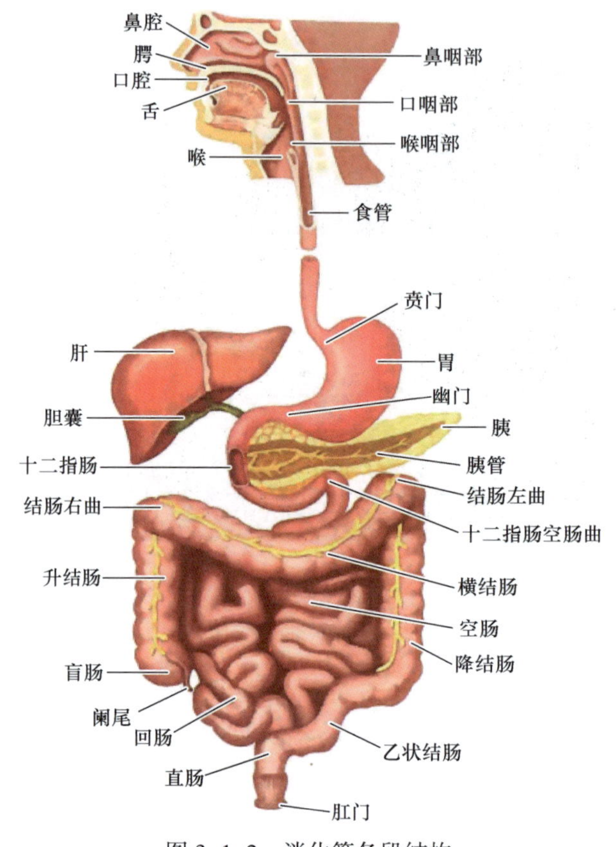

图 3-1-2　消化管各段结构

（1）口腔

口腔是消化管的起始部，向前经口裂通外界，向后与咽相通。其前壁为上、下唇，两侧壁为颊，上壁为腭，下壁为口底的软组织，内有牙、舌等器官，如图 3-1-3 所示。

口腔由上、下牙弓分为前方的口腔前庭和后方的固有口腔两部分。当上、下颌牙咬合时，口腔前庭和固有口腔仅可经第三磨牙后方的间隙相通。临床上可通过此间隙对牙关紧闭的病人灌注营养物质或急救用药。

1）唇和颊

唇分上唇和下唇，两唇之间的裂隙称为口裂，上、下唇两侧结合处称为口角。从鼻翼两旁至口角两侧各有一浅沟，称为鼻唇沟。上唇两侧通过鼻唇沟与颊分界，当面神经麻痹时此沟消失。上唇前面正中有一纵行浅沟（即人中），其中上 1/3 交界处为人中穴，对昏迷病人进行急救时可在此处进行指压或针刺。

颊为口腔两侧壁，在与上颌第二磨牙相对的颊黏膜处有腮腺导管的开口。

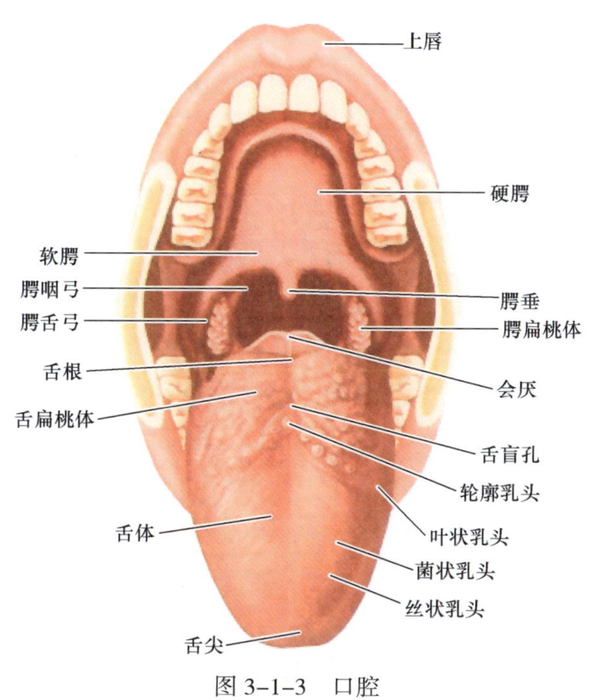

图 3–1–3　口腔

2）腭

腭构成口腔的上壁，分隔口腔和鼻腔。腭的前 2/3 为硬腭，以骨腭为基础，表面覆有黏膜；后 1/3 为软腭，由肌肉和黏膜等构成。软腭后缘游离，其中央有一向下的突起，称为腭垂（悬雍垂）。腭垂两侧各有两条弓形黏膜皱襞，前方的一对称为腭舌弓，后方的一对向下延至咽侧壁，称为腭咽弓，两者之间的凹陷可容纳腭扁桃体等。腭垂、腭舌弓和舌根共同围成咽峡，它是口腔和咽的分界线。软腭后部结构松弛，塌陷时可导致打鼾。

3）牙

牙是人体最坚硬的器官，嵌于上、下颌骨的牙槽内，分别排列成上牙弓和下牙弓。牙具有咀嚼食物和辅助发音的功能。

①牙的形态和构造。牙分为三部分，露于口腔的部分称为牙冠，嵌于牙槽内的称为牙根，牙冠与牙根交界的部分称为牙颈，如图 3–1–4 所示。牙的中央有牙腔。位于牙冠内且较大的称为牙冠腔；位于牙根内的称为牙根管，其尖端有小孔与牙槽相通。

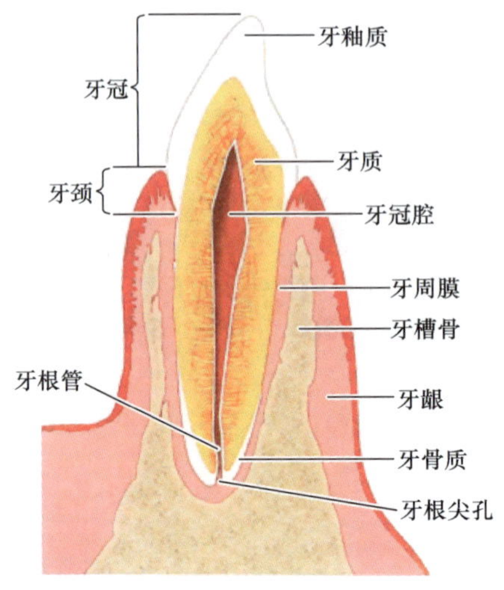

图 3-1-4　牙的结构

牙由牙质、牙釉质、牙骨质和牙髓构成。牙质构成牙的主体，牙釉质覆盖于牙冠的牙质表面，牙骨质包在牙颈和牙根的牙质表面，牙髓位于牙腔内。牙髓由神经、血管和结缔组织等构成，牙髓感染时常可引起剧烈疼痛。

②牙周组织。牙周组织由牙周膜、牙槽骨和牙龈三部分构成，对牙起保护、支撑和固定作用。牙槽骨是牙根周围的骨质。牙龈是口腔黏膜的一部分，血管丰富，包被牙颈，并与牙槽骨的骨膜紧密相连。

③牙的分类、萌出和排列。人的一生中先后长有两套牙，即乳牙和恒牙。乳牙一般在出生后 6 ~ 7 个月开始萌出，3 岁前出齐，共计 20 颗，分为乳切牙、乳尖牙和乳磨牙三类，具体又分为乳中切牙、乳侧切牙、乳尖牙、第一乳磨牙、第二乳磨牙。6 ~ 7 岁时，乳牙开始脱落，恒牙相继萌出，共计 32 颗。恒牙 13 ~ 14 岁基本出齐。临床上为了记录牙的位置，以“+”划分四区，表示上、下颌左、右侧的牙位，以罗马数字 Ⅰ ~ Ⅴ 表示乳牙，如图 3-1-5 所示。恒牙分为切牙、尖牙、前磨牙和磨牙四类，具体又分为中切牙、侧切牙、尖牙、第一前磨牙、第二前磨牙、第一磨牙、第二磨牙、第三磨牙，临床上以阿拉伯数字 1 ~ 8 表示恒牙，如图 3-1-6 所示。第三磨牙萌出较晚，故又称为迟牙或智齿，有的甚至终生不萌出。

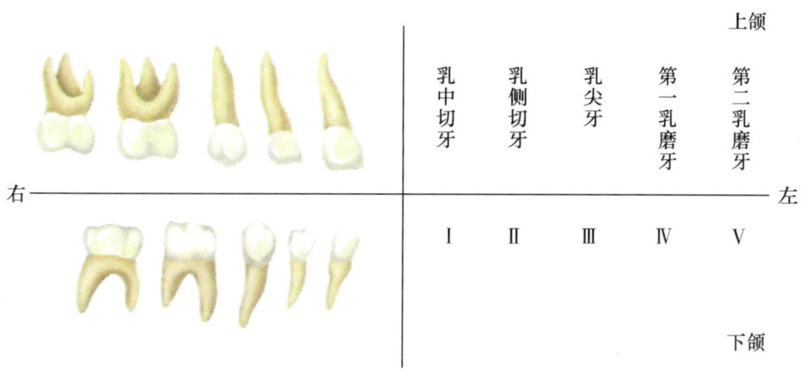

图 3-1-5 乳牙的名称及符号

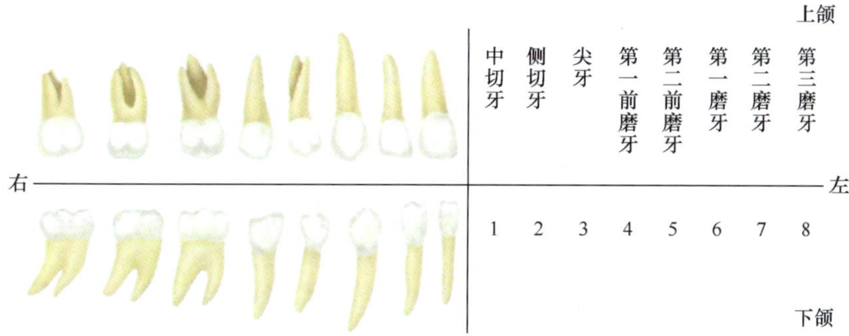

图 3-1-6 恒牙的名称及符号

知识补给站

智　齿

智齿是指人类口腔内牙槽骨上最里面的第三颗磨牙，从正中的门牙往里数刚好是第八颗牙齿。智齿萌出时间很晚，一般在 16 ~ 25 岁间萌出，此时人的生理、心理发育都接近成熟，有“智慧到来”的象征，因此它被俗称为智齿。个体智齿生长有很大差异，通常情况下应该有上下左右对称的 4 颗牙，有的少于 4 颗甚至没有，极少数人会多于 4 颗。智齿萌出的年龄差异也很大，有的 20 岁之前萌出，有的四五十岁才长或者终生不长，这都是正常现象。

4）舌

舌位于口腔底，其基本组成部分是骨骼肌和表面覆盖的黏膜，如图 3-1-7 所示。舌具有协助咀嚼、吞咽食物、感受味觉和辅助发音等功能。

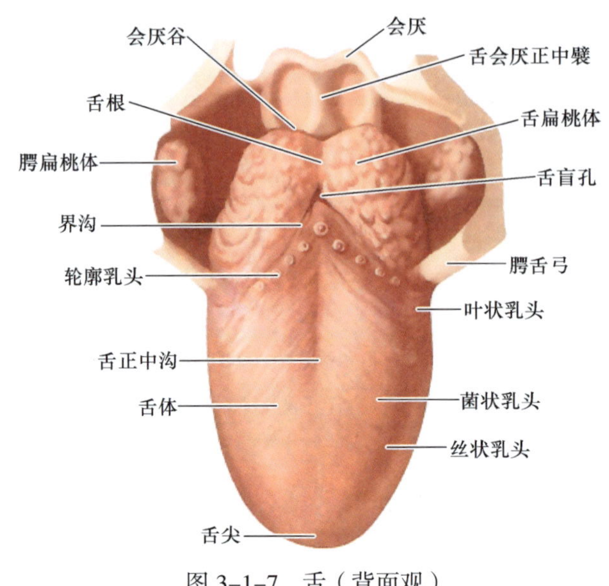

图 3-1-7　舌（背面观）

①舌的形态。舌分为上、下两面，舌的上面称为舌背，分为前 2/3 的舌体和后 1/3 的舌根。

②舌的构造。舌由表面的舌黏膜和深部的舌肌构成。舌黏膜呈淡红色，在舌背黏膜上有许多小突起，称为舌乳头。部分舌乳头浅层上皮细胞不断角化脱落，并与食物残渣、细菌等混杂在一起，附于舌黏膜表面，形成舌苔。健康人的舌苔呈白色，淡而薄。舌苔的厚薄和色泽可反映人体的健康与疾病状况，是中医诊断疾病的重要依据之一。

 **知识补给站**

口腔护理的重要性

口腔护理是预防口腔疾病、提高治疗效果、促进病人康复、改善生活质量、保持身体健康的科学技术。口腔护理的目的是保持口腔清洁，预防口腔感染等并发症；其次是防止口臭，增进食欲，保持口腔的正常功能；最主要的是预防呼吸机相关性肺炎的发生。口腔疾病会影响人的营养状况、生理状况等，还可以形成口腔病灶进而直接影响全身健康。常见的口腔疾病有慢性牙髓炎、根尖周炎、牙周炎、冠周炎等，它们均可能引起一些全身性疾病，如亚急性细菌性心内膜炎、虹膜睫状体炎、荨麻疹、肾炎、支气管哮喘及风湿性关节炎等。照护者在进行健康照护时也要特别关注病人的口腔情况，针对口腔问题给予合适的口腔护理。

(2)咽

咽是前后略扁的漏斗形肌性管道，上起自颅底，下达第 6 颈椎椎体下缘平面，与食管相连，成人的咽全长 12 cm。咽是呼吸道和消化管的共同通道，分为鼻咽、口咽和喉咽三部分。头颈部的正中矢状切面如图 3-1-8 所示。

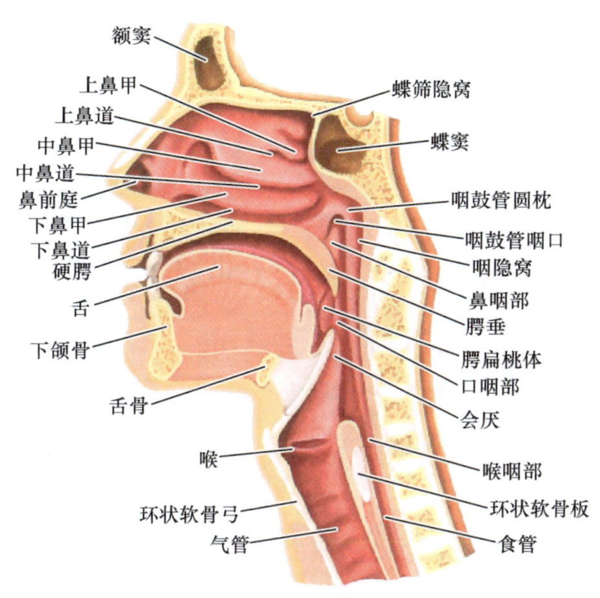

图 3-1-8　头颈部的正中矢状切面

1）鼻咽

鼻咽位于颅底与软腭之间，向前经鼻后孔与鼻腔相通。

2）口咽

口咽位于软腭与会厌上缘平面之间，向前经咽峡通口腔。口咽外侧壁上腭舌弓与腭咽弓之间有一凹陷，称为扁桃体窝，容纳腭扁桃体、咽扁桃体和舌扁桃体等。它们在呼吸道和消化管的上端共同围成咽淋巴环，具有重要的防御功能。

3）喉咽

喉咽在会厌上缘平面以下，至第 6 颈椎椎体下缘与食管相连，向前经喉口通喉腔。在喉咽两侧各有一凹陷，称为梨状隐窝，是异物容易滞留的部位。

(3)食管

1）食管的位置和分布

食管是前后扁平的肌性管状器官，是消化管各部中最狭窄的部分，长约 25 cm。食管上端在第 6 颈椎椎体下缘平面与咽相连，下端与第 11 胸椎椎体高度持平，与胃的贲门相连。食管可分为颈部、胸部和腹部。

2）食管的生理性狭窄部

食管有三个生理性狭窄部，如图 3-1-9 所示。第一狭窄部为食管的起始处，相当于第 6 颈椎椎体下缘水平位，距中切牙约 15 cm；第二狭窄部为食管与左主支气管交叉处，相当于第 4、第 5 胸椎椎体之间水平位，距中切牙约 25 cm；第三狭窄部为食管通过膈的食管裂孔处，相当于第 10 胸椎椎体水平位，距中切牙约 40 cm。这三处是食管异物易滞留和食管癌的好发部位。

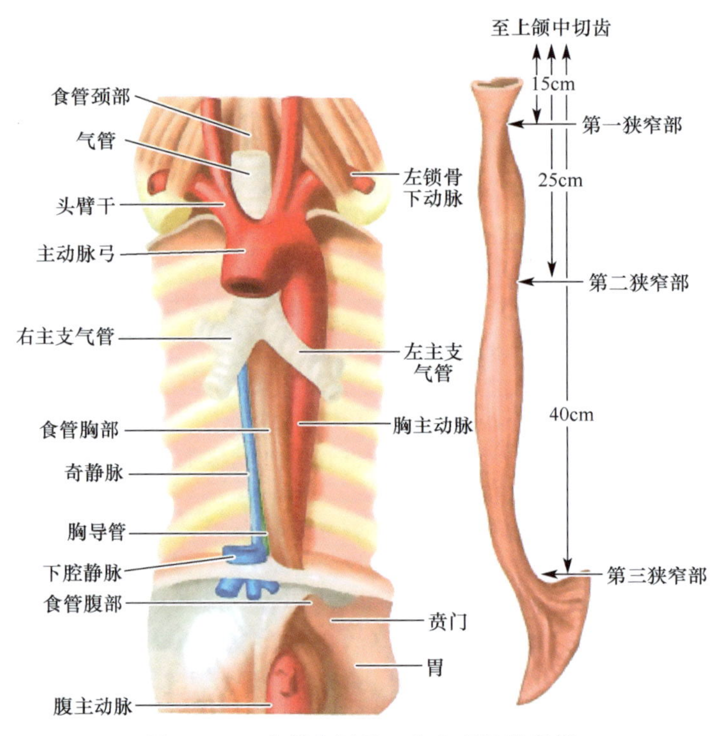

图 3-1-9　食管位置及三个生理性狭窄部

（4）胃

胃是消化管中最膨大的部分，上连食管，下接十二指肠。成人胃的容量约 1 500 mL。胃除有容纳食物和分泌胃液的作用外，还有内分泌功能。

1）胃的形态和分部

①胃的形态。胃的形态可受体位、体型、年龄、性别和胃的充盈状态等多种因素的影响。胃在完全空虚时略呈管状，高度充盈时可呈球囊状。

胃分前壁、后壁、大弯、小弯、入口、出口，如图 3-1-10 所示。胃前壁朝向前上方，后壁朝向后下方。胃小弯凹向右上方，其最低点弯度明显折转处称为角切迹；胃大弯大部分凸向左下方。胃的近端与食管连接处是胃的入口，称为贲门。胃的远端连接十二指肠处是胃的出口，称为幽门。

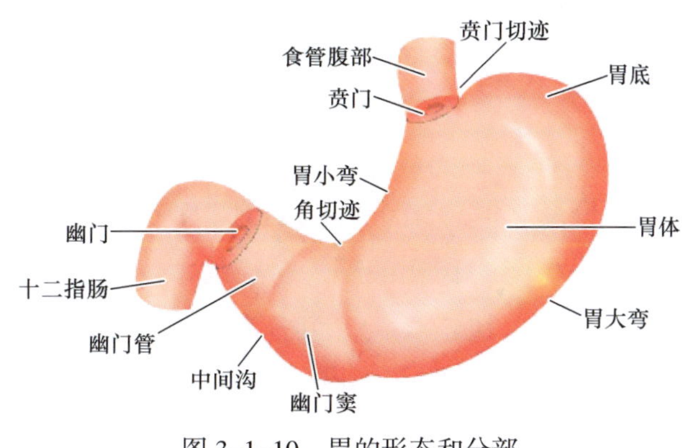

图 3–1–10　胃的形态和分部

②胃的分部。通常将胃分为四部分。贲门附近的部分称为贲门部，界域不明显；贲门平面以上，向左上方膨出的部分为胃底，内含吞咽时进入的空气，约 50 mL，X 射线胃片可见此气泡；自胃底向下至角切迹处的中间大部分称为胃体；胃体下界与幽门之间的部分称为幽门部，临床上也称胃窦部。幽门部的大弯侧有一不甚明显的浅沟，称为中间沟，它将幽门部分为右侧的幽门管和左侧的幽门窦。

2）胃的位置

胃的位置因体型、体位和充盈程度不同而有较大变化。通常，胃充盈至中等程度时，大部分位于左季肋区，小部分位于腹上区。胃前壁右侧部与肝左叶和肝方叶相邻，左侧部与膈相邻，被左肋弓掩盖。

知识补给站

慢性胃炎在胃窦部很常见。慢性胃炎发生时，胃黏膜结构会发生改变。患慢性浅表性胃炎时，胃黏膜渗出物增多，病变处黏膜红白相间或呈花斑状，似麻疹样改变，有时有糜烂。患慢性萎缩性胃炎时，胃黏膜多呈苍白或灰白色，黏膜表面呈颗粒状或结节状。

3）胃壁的结构

胃壁由内向外分为黏膜、黏膜下层、肌层和浆膜四层。

（5）小肠

小肠是消化管中最长的一段，成人小肠长 5 ~ 7 m。小肠上端起于胃幽门，下端连接盲肠，分为十二指肠、空肠和回肠三部分。小肠是进行消化和吸收的重要器官，并具有某些内分泌功能。

1）十二指肠

十二指肠位于胃与空肠之间，由于相当于十二个横指并列的长度而得名，全长约 25 cm。十二指肠是小肠中长度最短、管径最大、位置最深且最为固定的部分。十二指肠整体上呈 C 形，包绕胰头，可分为上部、降部、水平部和升部，如图 3-1-11 所示。

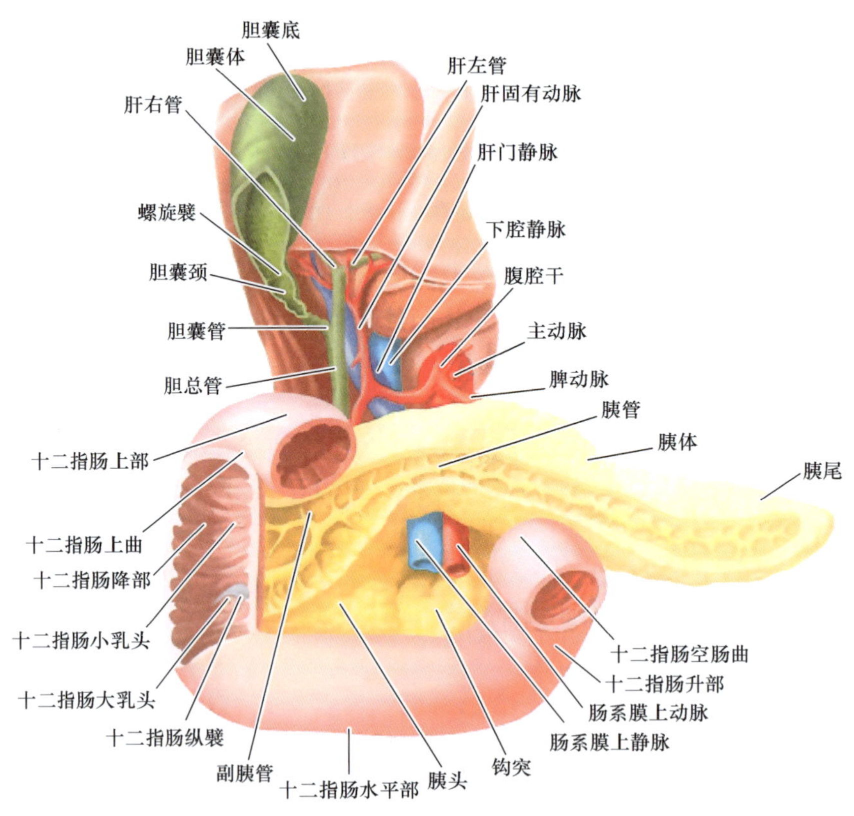

图 3-1-11　胆道、十二指肠和胰（前面观）

十二指肠起始处管壁较薄，黏膜光滑，无环形襞，呈球状，故称为十二指肠球，它是十二指肠溃疡的好发部位。

2）空肠与回肠

空肠上端接十二指肠，回肠下端连盲肠。空肠和回肠相互延续呈袢状，称为肠袢。它们全部被腹膜包被，通过肠系膜系于腹后壁，合称系膜小肠，活动度较大。两者无明显界限，通常将其近端 2/5 称为空肠，将远端 3/5 称为回肠。空肠主要位于左上腹，管径较大，管壁较厚，血管较多，颜色较红；回肠主要位于右下腹，管径较小，管壁薄，颜色较淡，如图 3–1–12 所示。

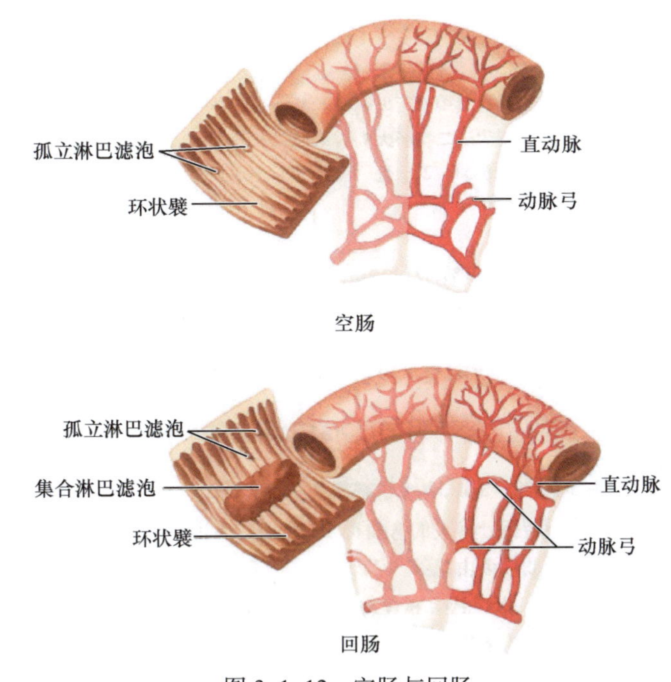

图 3–1–12　空肠与回肠

（6）大肠

大肠（见图 3–1–13）是消化管的下段，全长约 1.5 m，围绕于空肠、回肠的周围，分为盲肠、阑尾、结肠、直肠和肛管五个部分。大肠的主要功能为吸收水分、无机盐，分泌黏液，使食物残渣形成粪便并排出体外。

1）盲肠

盲肠长 6 ~ 8 cm，是大肠的起始部，位于右髂窝内，上与升结肠相连，左接回肠，开口处有上、下两片唇状皱襞，称为回盲瓣。盲肠末端后内侧壁有阑尾的开口。回盲瓣既可控制小肠内容物进入盲肠的速度，使食物在小肠内充分消化吸收，又可防止大肠内容物逆流到回肠。

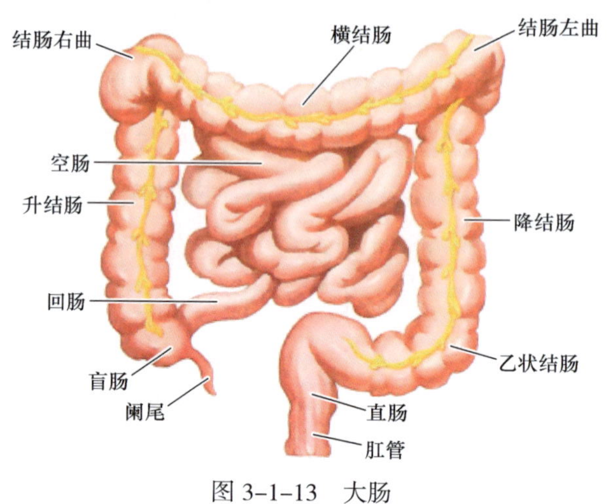

图 3-1-13　大肠

2）阑尾

阑尾为一蚯蚓状盲管，长 6 ~ 8 cm，根部连于盲肠后内侧壁。阑尾末端的位置变化很大，以回肠前位、下位和盲肠后位较为多见。阑尾根部的体表投影位于脐与右髂前上棘连线的中、外 1/3 交界处，称为麦氏点。盲肠和阑尾如图 3-1-14 所示。患急性阑尾炎时，麦氏点附近常有明显压痛和反跳痛。由于三条结肠带汇集于阑尾根部，所以临床做阑尾手术时可据此寻找阑尾。

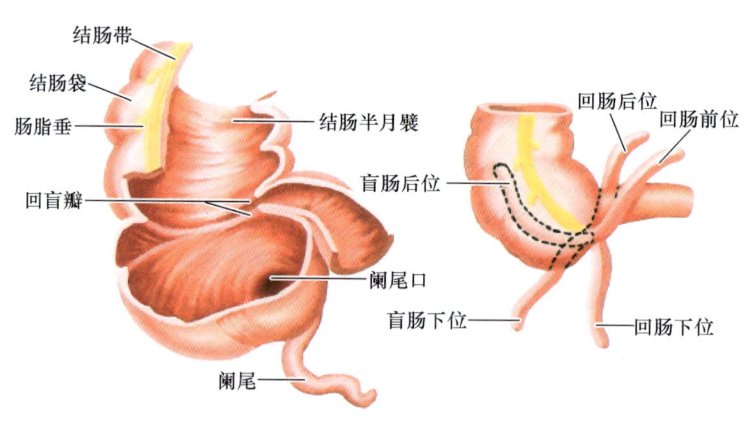

图 3-1-14　盲肠和阑尾

3）结肠

结肠位于盲肠与直肠之间，包绕于空肠、回肠周围，分为升结肠、横结肠、降结肠和乙状结肠四部分。

结肠黏膜表面光滑，无肠绒毛，有半环形的结肠半月襞。黏膜内有大量的杯状细胞和丰富的淋巴组织。

4）直肠

直肠长 10 ~ 14 cm，位于小骨盆后部，在第 3 骶椎前方与乙状结肠相连，沿骶骨、尾骨前面下行，穿过盆膈至肛管。直肠横襞常作为直肠镜检查的定位标志，进行直肠镜或乙状结肠镜检查时必须注意直肠的弯度和横襞，避免损伤肠壁。

5）肛管

肛管是盆膈以下的消化管，上连直肠，末端终于肛门，长 3 ~ 4 cm。肛管内有 6 ~ 12 条纵行的黏膜皱襞，称为肛柱。肛柱下端之间的半月状黏膜皱襞称为肛瓣。肛瓣与相邻肛柱下端共同围成向上开口的小隐窝，称为肛窦。肛窦内常有粪便存留，易诱发感染而引起肛窦炎。

肛门外括约肌、耻骨直肠肌、肛门内括约肌及直肠纵行肌的下部，在直肠和肛管周围共同形成的部分称为肛管直肠环，具有控制排便的作用。若此环受损，则会导致大便失禁。

直肠和肛管如图 3-1-15 所示。

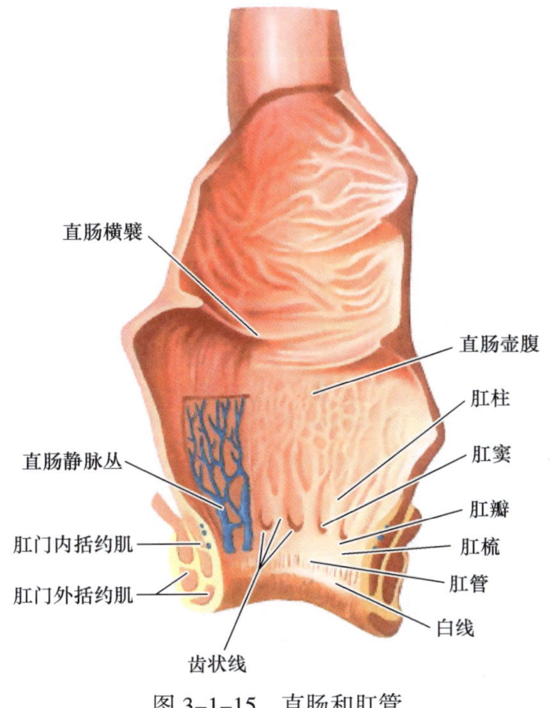

图 3-1-15　直肠和肛管

知识补给站

远离便秘六字诀

便秘是老年人的常见病。有关调查资料显示，在60岁以上的老年人中经常发生便秘者占28%～50%。如何远离便秘呢？

1. “水”

饮用当天烧开后自然冷却的温开水，每天至少8～10杯，并坚持每晚睡前、夜半醒时和晨起后各饮一杯温开水。

2. “软”

人到中年以后，胃和肠道功能减弱，须多吃熟软的食物，这样有利于脾胃消化吸收及肠道排泄。

3. “粗”

常吃富含膳食纤维的食物，如全谷物食品、薯类、青菜、白萝卜、芹菜、菠菜、海带、西红柿、苹果、香蕉、梨等。每天可适当选择其中几种食物搭配食用，以刺激肠道蠕动，加快粪便排出。

4. “排”

定时（早晨）排便，不拖延时间，使肠中常清。大便后用温水清洗肛门及会阴部，保持清洁。

5. “动”

适度运动，每天早晚慢跑、散步，促进肠道蠕动。另外，早晚各做一次腹式呼吸。

6. “揉”

每天早晚及午睡后以两手相叠揉腹，以肚脐为中心，顺时针揉100次，可促进腹腔血液循环，助消化，通肠胃，从而促使大便顺畅排泄。

二、消化腺

消化腺分为大消化腺和小消化腺两种。大消化腺包括大唾液腺、肝和胰，小消化腺是指分布在消化管壁的小腺体，如唇腺、胃腺和肠腺等。它们都开口于消化管腔内，其分泌的消化液流入消化管，参与食物的化学性消化。

1. 唾液腺

唾液腺有大小之分，具有分泌唾液、清洁口腔和消化食物等功能。大唾液腺有腮腺、下颌下腺和舌下腺三对，如图 3-1-16 所示。

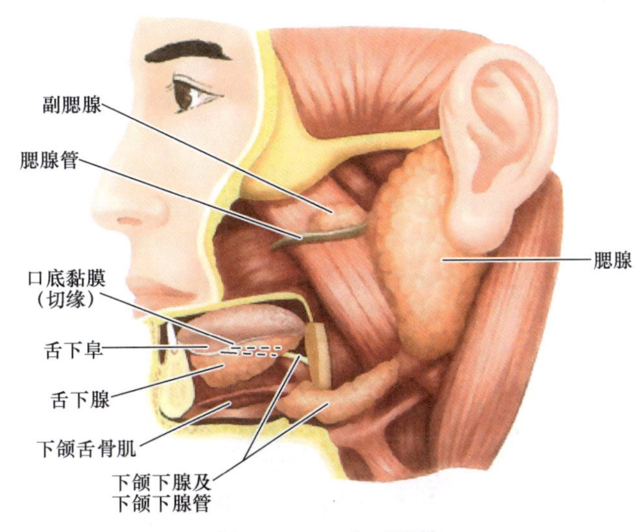

图 3-1-16　大唾液腺

（1）腮腺

腮腺最大，呈不规则的三角形，位于耳郭的前下方。

（2）下颌下腺

下颌下腺呈卵圆形，位于下颌体的深处，其导管开口于舌下阜。

（3）舌下腺

舌下腺位于口腔底舌下襞深处，略扁而长，其大导管开口于舌下阜，小导管开口于舌下襞。

2. 肝脏

肝脏是人体最大的腺体，具有分泌胆汁、参与代谢、储存糖原、解毒和防御等功能，在人的胚胎时期还具有造血功能。

（1）肝脏的形态

肝脏呈红褐色，质软而脆，似楔形，一般分为前后两缘、脏膈两面，如图 3-1-17、图 3-1-18 所示。肝脏前缘锐薄，后缘钝圆。肝膈面隆凸，贴于膈下，分为小而薄的肝左叶和大而厚的肝右叶。肝脏面朝向下后方，凹凸不平，有近似 H 形的三条沟，即左纵沟、右纵沟和横沟。

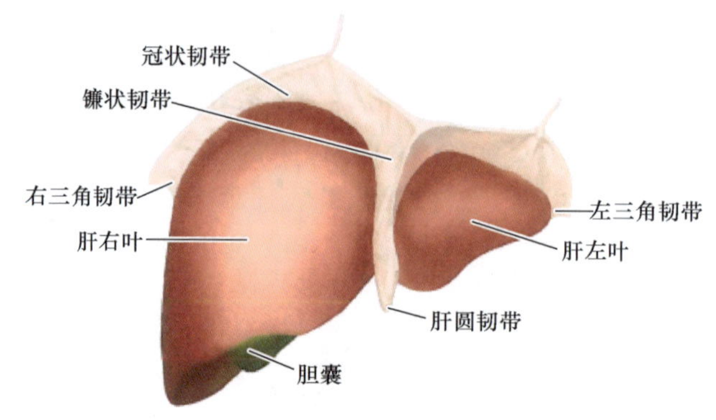

图 3-1-17　肝脏（膈面）

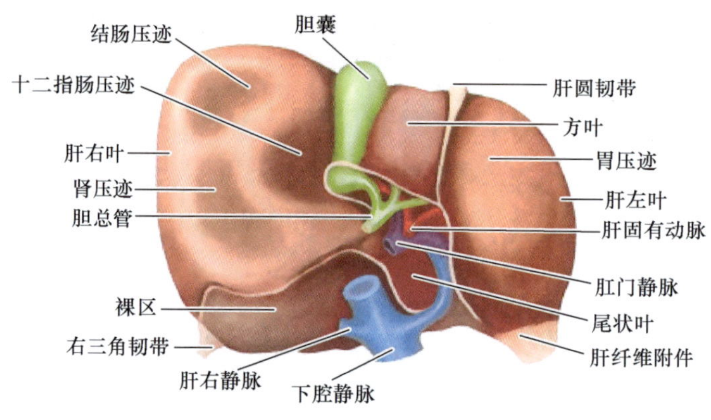

图 3-1-18　肝脏（脏面）

（2）肝脏的位置

肝脏大部分位于右季肋区及腹上区，小部分位于左季肋区。肝脏最高点在右侧相当于右锁骨中线与第 5 肋的交点，左侧相当于左锁骨中线与第 5 肋间隙的交点。肝脏的下界即肝下缘，右侧大致与右肋弓一致，在腹上区可达剑突下方 3 ~ 5 cm。7 岁以下的儿童，肝脏的下界可超出肋弓下缘 2 cm 以内。肝脏的位置随膈的运动而上下移动，在平静呼吸时肝脏可上下移动 2 ~ 3 cm。

（3）胆囊和胆道

1）胆囊

胆囊位于肝脏面的胆囊窝内，呈梨形，容量 40 ~ 60 mL，具有储存和浓缩胆汁的功能。当肝、胆囊及胆道发生疾病时，胆汁的合成、分泌会出现障碍，造成脂肪消化和吸收不良及脂溶性维生素吸收减少。

胆囊分为底、体、颈、管四部分，胆囊底常露出于肝脏的前缘，与腹前壁相贴，其体表投影位于右锁骨中线与右肋弓交点处的稍下方。患急性胆囊炎时，此处常有明显的压痛，临床上称为墨菲征。

2）胆道

胆道是将胆汁输送到十二指肠的管道，分肝内和肝外两部分。

胆囊和胆道的结构如图 3-1-19 所示。

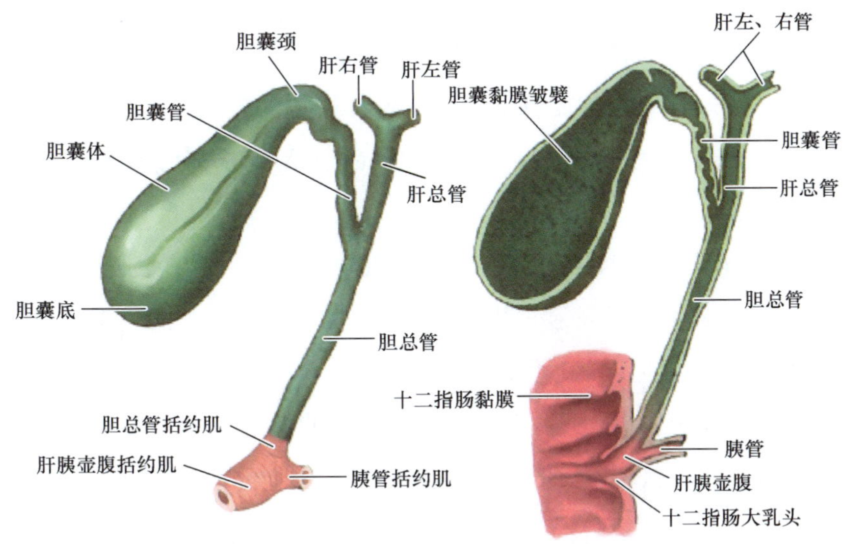

图 3-1-19　胆囊和胆道

3. 胰

胰是人体第二大腺体，由内分泌部和外分泌部两部分构成，具有参与调节糖代谢和参与消化过程的重要作用。

（1）胰的形态和位置

胰呈条形，质软，色灰红，在第 1、第 2 腰椎位置水平横贴于腹后壁，分胰头、胰体和胰尾三部分。

（2）胰的微细结构

胰实质由外分泌部和内分泌部组成。

1）外分泌部

外分泌部占胰的大部分。胰的外分泌部分泌胰液，其中含有多种消化酶，经导管排入十二指肠，参与糖、蛋白质、脂肪的消化，在食物的消化中起重要作用。

2）内分泌部

内分泌部即胰岛，是由内分泌细胞组成的细胞团。成人胰大约有 100 万个胰岛，约占胰腺体积的 1.5%。胰岛大小不一，小的仅由数个细胞组成，大的有数百个细胞。胰岛细胞间有丰富的毛细血管。人的胰岛细胞分为 A 细胞、B 细胞、D 细胞和 PP 细胞。

① A 细胞。A 细胞约占胰岛细胞总数的 20%。它体积较大，多分布在胰岛周边。A 细胞分泌胰高血糖素，它的作用是促进肝细胞内的糖原分解为葡萄糖，并抑制糖原合成，使血糖升高。

② B 细胞。B 细胞数量最多，约占胰岛细胞总数的 70%。它体积较小，主要分布于胰岛的中央。B 细胞分泌胰岛素，主要作用是促进全身组织特别是肝脏、肌肉和脂肪组织摄取和利用葡萄糖，促进肝细胞合成糖原或转化为脂肪，故可使血糖降低。

胰岛素的分泌主要受血糖浓度的影响。血糖升高时，促进 B 细胞分泌胰岛素；血糖降低时，抑制 B 细胞分泌胰岛素。长时间的高血糖、高血脂可持续刺激胰岛素的分泌，致使胰岛 B 细胞衰竭，引起糖尿病。

③ D 细胞。D 细胞数量少，占胰岛细胞总数的 5% ~ 10%。D 细胞分泌生长抑素，它以旁分泌方式作用于邻近的 A 细胞、B 细胞或 PP 细胞，抑制这些细胞的分泌功能。

④ PP 细胞。PP 细胞数量很少，可分泌胰多肽。胰多肽对胃肠运动、胰液分泌及胆囊收缩均有抑制作用。

课题二
消化系统的功能

学习目标

- 掌握食物在口腔、胃和小肠内的消化和吸收过程，以及大肠的吸收功能。
- 熟悉消化酶的分泌及作用。
- 了解消化器官活动的调节。

在生命活动过程中，人体不仅需要通过呼吸从外界获得足够的氧，还需要对食物进行消化和吸收，以获取营养物质和能量供应。消化是指食物在消化管内被加工分解为小分子物质的过程。吸收是指食物中的营养成分和其消化后的产物透过消化管黏膜进入血液和淋巴循环的过程。消化和吸收是两个相辅相成和紧密联系的过程。人体通过吸收向机体提供新陈代谢所必需的物质和能量，保证生命活动的正常进行。不能被消化和吸收的食物残渣最终形成粪便，排出体外。

一、消化

食物中的营养物质包括蛋白质、脂肪、糖、水、无机盐和维生素等。其中水、无机盐和大多数维生素可以直接吸收利用，而蛋白质、脂肪、糖因其结构复杂，必须经过消化后分解为小分子物质才能进入血液循环，供机体利用。消化的方式有两种：一是机械性消化，即通过消化管的运动将食物切割磨碎，使之与消化液充分混合，并将其向消化管远端推送的过程；二是化学性消化，即通过消化腺分泌的消化酶的作用，将食物中的大分子物质分解为可被吸收的小分子物质的过程。通常这两种消化方式同时进行，相互配合，共同协调，完成对食物的消化。

1. 口腔内消化和吞咽

食物的消化从口腔开始，食物在口腔内被咀嚼、切割、磨碎，同时与唾液混合形成食团，通过吞咽经食管进入胃。虽然食物在口腔内停留时间很短(15 ～ 20 秒)，只有少量淀粉在口腔内被唾液初步分解，但食物对口腔的刺激可引起胃、肠活动增强和消化酶分泌增加。

(1) 唾液

食物在口腔内的化学性消化是通过唾液的作用实现的。正常成人每日分泌唾液量为 1.0 ～ 1.5 L。唾液是无色、无味、近于中性的低渗液体，其中水占 99%，主要成分有唾液淀粉酶、溶菌酶和黏蛋白等。

唾液的主要作用有：

1）湿润和溶解食物

唾液可使食物易于吞咽，并引起味觉。

2）初步消化淀粉类食物

唾液淀粉酶能将淀粉分解成麦芽糖，故在口腔中咀嚼含淀粉多的食物（如米饭）时可感到甜味。

3）清洁和保护口腔

唾液可清除口腔中的细菌和食物颗粒，唾液溶菌酶具有杀菌和杀病毒的作用。因此，对唾液分泌过少的患者（如高热病人）应当注意做好口腔护理。

(2) 咀嚼和吞咽

1）咀嚼

咀嚼是由咀嚼肌群协调而有序的收缩所完成的复杂反射动作。咀嚼还能加强食物对口腔内各种感受器的刺激，如刺激味觉，反射性地引起胃液、胰液、胆汁的分泌和消化管的运动，以加强后续的消化活动。

2）吞咽

吞咽是把口腔内的食团经咽和食管送到胃的过程。吞咽反射的基本中枢在延髓。人在昏迷、深度麻醉时，吞咽反射可发生障碍，食管和上呼吸道的分泌物等容易误入气管，造成窒息，因而必须加强对上述照护对象的照护工作。

2. 胃内消化

胃具有暂时储存和消化食物等功能。成人的胃一般可容纳 1 ～ 2 L 食物。经过胃的机械性和化学性消化，胃把食团变为食糜并将部分蛋白质初步分解，然后逐渐排入十二指肠。

（1）胃液

食物在胃内的化学性消化是通过胃液实现的。胃液由胃腺和胃黏膜上皮细胞分泌，正常成人每日分泌量为 1.5 ~ 2.5 L。

纯净的胃液是一种无色、透明的酸性液体，pH 为 0.9 ~ 1.5。胃液中，除含大量水分外，主要成分有盐酸、胃蛋白酶、黏液和内因子等。

胃内盐酸分泌不足或缺乏，会影响消化、杀菌，可引起腹胀、腹泻等消化不良症状；如果分泌过多，则对胃和十二指肠有侵蚀作用，可能诱发溃疡。

在酸性环境下，胃蛋白酶能水解食物中的蛋白质。胃蛋白酶的最适 pH 为 2.0 ~ 3.5，当 pH 大于 5 时便失活。

慢性浅表性胃炎患者胃酸分泌多于正常，广泛而严重的慢性萎缩性胃炎患者胃酸降低。这两类患者大多数常无症状或有不同程度的消化不良症状，如上腹隐痛、食欲减退、餐后饱胀、反酸等。慢性萎缩性胃炎患者可有贫血、消瘦、舌炎、腹泻等症状，个别患者伴有较明显的黏膜糜烂、上腹痛，并可有出血，如呕血、黑便。

内因子是胃黏膜壁细胞分泌的一种糖蛋白。内因子缺乏，会使维生素 B_{12} 吸收出现障碍，影响红细胞的生成，导致巨幼红细胞贫血。

（2）胃的运动

食物在胃内的机械性消化是通过胃的运动实现的。

1）胃的运动形式

①容受性舒张。进食时食物刺激口腔、咽和食管等处的感受器，反射性地引起胃底和胃体部的平滑肌舒张，称为容受性舒张。其生理意义是使胃能更好地完成容纳和储存食物的功能。

②紧张性收缩。空腹时，胃就产生一定的紧张性收缩，使胃保持一定的形态和位置。进食后，胃的紧张性收缩逐渐加强，使胃内压升高，有利于胃液渗入食物而进行化学性消化，并能促进食糜向十二指肠推移。紧张性收缩也是胃其他运动形式有效进行的基础，如果胃的紧张性收缩过弱，则易导致胃下垂或胃扩张。

③蠕动。食物进入胃后大约 5 分钟，胃便开始蠕动。蠕动波从胃的中部开始，有节律地向幽门方向推进，约每分钟 3 次。其生理意义是磨碎食物，使食物与胃液充分混合，形成糊状的食糜，并将食糜逐步推入十二指肠。一个蠕动波通常可将 1 ~ 3 mL 食糜送入十二指肠。

2）胃的排空

食糜由胃排入十二指肠的过程称为胃排空。一般进食后 5 分钟左右胃排空就开始。胃排空的速度与食物的化学组成、物理性状和胃的运动情况有关。一般来说，稀的液体食物比稠的固体食物排空快，小块食物比大块食物更易排空。在三大营养物质中，糖的排空最快，蛋白质次之，脂肪最慢。混合食物完全排空需 4 ~ 6 小时。

情景提示

李某患上慢性胃炎的原因可能是：幽门螺杆菌的感染；长期饮烈性酒、浓茶、咖啡等刺激性物质，破坏了胃黏膜的屏障作用；精神紧张、生活不规律引起胃酸分泌紊乱。

3）呕吐

呕吐是将胃及肠内容物从口腔强力驱出的动作，是一种具有保护作用的防御性反射，通过呕吐可将胃内有害物质排出。因此，临床上对食物中毒的病人可借助催吐的方法将胃内的毒物排出。但剧烈而频繁的呕吐会影响进食和正常的消化、吸收，甚至使人失去大量的消化液，造成体内水、电解质和酸碱平衡紊乱。

知识补给站

打　嗝

打嗝是人们时不时会遇到的常见症状，是正常的生理现象。健康人出现打嗝很多是饮食原因引起的，只要休息一会儿症状便会消失。然而经常性出现胃酸、胃胀、打嗝、肚子有气就应引起重视了，这很可能是一些疾病的信号。

打嗝可分为嗳气和呃逆两种。嗳气的嗝声尾音较长，一般一次就打一个，而呃逆的嗝声短促，往往是连着打好几个。

不管嗳气还是呃逆都分生理性和病理性两种，需要警惕的是病理性的。如果嗳气伴有烧心、反酸、胀痛、黑便等，就可能是病理性的，应尽早去消化科就诊。呃逆常常突然发作，多因内脏平滑肌痉挛引起，多为功能性异常。此外，打嗝还可能提示中枢神经出了问题。人体有呃逆中枢，打不打嗝由它来控制。如果打嗝时伴有神经系统方面的症状，如行动不稳、言语障碍、恶心、呕吐等，就要警惕脑血管疾病的发生，要立即就诊。

3. 小肠内消化

小肠内消化是整个消化过程中最重要的阶段。在小肠内，食糜一般停留 3 ~ 8 小时，小肠通过运动对食物进行机械性消化，通过胰液、胆汁和小肠液对食物进行化学性消化，同时许多营养物质也都在小肠内被吸收。食物通过小肠后，消化和吸收过程基本完成，未被消化的食物残渣则进入大肠。

（1）胰液的分泌

胰是食物消化过程中最重要的器官之一，成人每天分泌胰液 1 ~ 2 L。胰液为无色碱性液体，pH 为 7.8 ~ 8.4。胰液主要含有胰淀粉酶、胰脂肪酶、胰蛋白酶原和糜蛋白酶原等多种消化酶，以及水和碳酸氢盐等成分。胰液可以充分消化脂肪、蛋白质、碳水化合物等营养物质，对食物的消化最全面，是所有消化液中最重要的一种。

（2）胆汁的分泌与排出

胆汁由肝细胞分泌，其分泌是一个连续不断的过程。在非消化期，胆汁生成后主要经肝管、胆囊管流入胆囊储存。在消化期，胆囊收缩，将胆汁排入十二指肠，同时，肝细胞分泌的胆汁也可经肝管、胆总管直接排入十二指肠，参与小肠内消化过程。因此，摘除胆囊对小肠的消化和吸收并无明显影响。正常成人每天分泌胆汁 0.8 ~ 1.0 L。

胆汁的主要作用为：促进脂肪的消化；运载脂肪，促进脂肪的吸收；促进脂溶性维生素（维生素 A、维生素 D、维生素 E、维生素 K）的吸收。

（3）小肠液的分泌

小肠液由十二指肠腺和小肠腺的分泌物组成。十二指肠腺分布于十二指肠的黏膜下层，主要分泌碱性黏稠液体。小肠液是消化液中分泌量最多的一种，正常成人每天分泌 1 ~ 3 L。

小肠液呈弱碱性，pH 约为 7.6。小肠液中除含水和无机盐外，还有肠激酶和黏蛋白等。其主要作用有：稀释消化产物，以利于水和营养物质的吸收；保护十二指肠黏膜免受盐酸的侵蚀；小肠液中的肠致活酶可激活胰液中的胰蛋白酶原，从而促进蛋白质的消化。

（4）小肠的运动

1）紧张性收缩

小肠平滑肌的紧张性收缩是小肠各种运动形式的基础，可使小肠内保持一定的基础压力，以维持小肠一定的形状和位置。

2）分节运动

分节运动是小肠环形肌的节律性收缩和舒张运动。分节运动在空腹时几乎没有，进食后才逐渐加强。在有食糜的肠段，环形肌以一定间隔在许多点同时收缩或舒张，把食糜分成许多节段。随后，原收缩处舒张，原舒张处收缩，使每个节段的食糜重新被分成两半，与邻近的两半各自合拢成新的节段，如此反复交替进行，如图 3-2-1 所示。

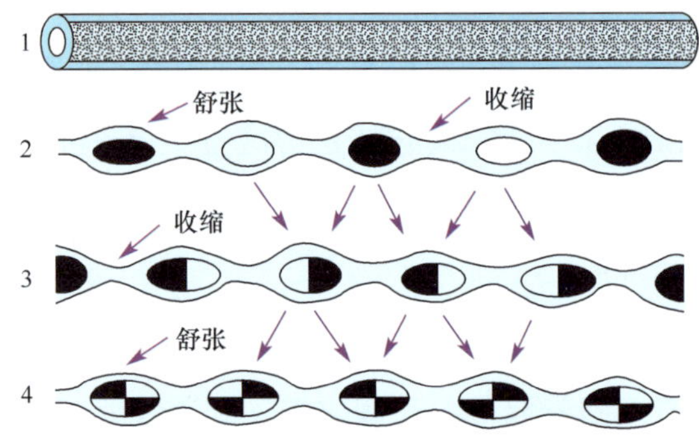

图 3-2-1　小肠分节运动示意图

3）蠕动

小肠的任何部位都可发生蠕动，将食糜向大肠方向推进。肠蠕动时，肠内的水和气体等内容物被推动而产生的声音称为肠鸣音，肠鸣音的强弱可反映肠蠕动的状态。肠蠕动增强时，肠鸣音较强；肠麻痹时，肠鸣音减弱或消失。故肠鸣音可作为临床腹部手术后肠运动功能恢复状况的一个客观标准。

4. 大肠内消化

食糜在小肠内未被消化和吸收的部分（即食物残渣）通过回盲瓣进入大肠。一般每天进入大肠的内容物为 0.5 ~ 1.5 L。人类的大肠没有重要的消化作用，其主要功能是吸收水分、电解质和某些维生素，形成粪便并暂时储存。

（1）大肠液的分泌

大肠液的 pH 为 8.3 ~ 8.4。大肠液的主要成分是碳酸氢盐和黏蛋白。大肠液中起主要作用的是黏蛋白，它能保护肠黏膜和润滑粪便，但对食物的消化作用不大。

（2）大肠内细菌的作用

大肠内有许多细菌，它们主要来自食物和空气。由于大肠内的酸碱度和温度等条件对这些细菌的生长极为适宜，所以细菌在此大量繁殖。

大肠内细菌还有一个重要的生理功能，即可利用肠内较为简单的物质合成维生素 B 复合物和维生素 K。它们是机体内重要的维生素，经肠壁吸收后为人体所利用。长期使用抗生素会破坏大肠内正常菌群，使 B 族维生素和维生素 K 合成减少，因此要注意适当补充这些维生素。

（3）大肠的运动和排便

大肠运动少而缓慢，对刺激反应较迟缓，因此其适于暂时储存粪便。

1）大肠的运动形式

大肠的主要运动形式有袋状往返运动和蠕动。

2）排便

食物残渣在大肠内一般停留 10 小时以上。在这一过程中，大部分水、无机盐和维生素被大肠黏膜吸收，而经过细菌发酵后的食物残渣则形成粪便。粪便中还包括脱落的肠上皮细胞、大量细菌及肝排出的胆色素衍生物等。

排便是一种反射活动，大脑皮质可以控制排便活动。如果经常有意识地抑制排便，会降低直肠壁内感受器对粪便刺激的敏感性，使粪便在大肠内停留时间过长，并因水分被过多吸收而变得干硬，引起排便困难，这是习惯性便秘的常见原因之一。昏迷或脊髓腰骶段以上横断的病人，其初级排便中枢失去了大脑皮质的随意控制作用，可引起排便失禁。若初级排便中枢受损，则病人会中止排便。

二、吸收

1. 吸收的器官和途径

消化管不同器官的吸收能力和速度有很大差异。口腔黏膜仅吸收硝酸甘油等少量药物；食管基本没有吸收功能；胃可吸收少量水和酒精，但生理意义不大；大肠主要吸收水和无机盐。食物中大部分成分，包括糖、蛋白质和脂肪的大部分消化产物都是在十二指肠和空肠被吸收的；回肠可主动吸收盐和维生素。所以说，小肠是吸收的主要器官。各种物质在消化管的吸收如图 3-2-2 所示。

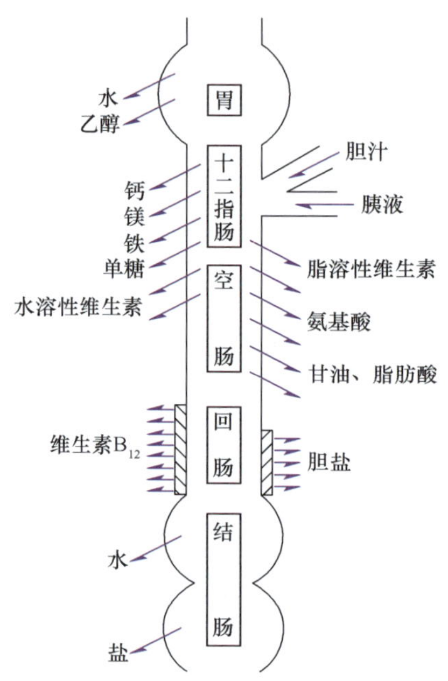

图 3-2-2　各种物质在消化管的吸收示意图

小肠吸收的特点是吸收物质种类多、数量大。除了吸收食物中的各种营养成分外，小肠还吸收消化液中大量的水和无机盐。人体每天分泌的消化液达 6 ~ 7 L，如果这些消化液不被重新吸收，势必造成水、电解质和酸碱平衡紊乱。因此，临床上在做胃肠引流或治疗急性呕吐、腹泻的病人时一定要注意另外补充液体。

2. 大肠的吸收功能

每日从小肠进入大肠的物质有 1 000 ~ 1 500 mL，大肠黏膜对水和电解质有很强的吸收能力，每天最多可吸收 5 ~ 8 L 水和电解质，因而大肠中的水和电解质大部分被吸收，仅约 150 mL 的水和少量 Na^{+}，Cl^{-}随粪便排出。当进入大肠的液体过多或大肠的吸收能力下降时，可因水不能被正常吸收而引起腹泻。大肠能吸收肠内细菌合成的维生素 B 复合物和维生素 K，以补充食物中维生素摄入的不足。此外大肠也能吸收由细菌分解食物残渣而产生的短链脂肪酸。临床上可将直肠灌药作为给药途径，直肠给药可显著提高药物的生物利用度，同时也避免了药物对胃及肠道的直接刺激。

情景提示

照护者要告诉李某：要选择营养价值高、富含蛋白质和维生素的食物，如牛奶、水果、蔬菜等；尽量选择纤维素含量少、易于消化的蔬菜和水果，少吃韭菜、芹菜等纤维素含量多且难消化的食物；少吃辛辣、油腻的食物；少吃甜食及酸性食物，以免引起反酸、胃痛等症状；避免吃会损伤胃黏膜的食物，如烈性酒、浓咖啡、生蒜、芥末等；不要吃过硬、过冷、过热和过分粗糙的食物。

思考与练习

1. 请根据所学消化系统知识向情景引入中的李某解释正常胃的结构与功能，以及患慢性胃炎后李某的胃发生的改变。
2. 一粒花生米从进入口腔到最后变成食物残渣，它的变化路径是什么？
3. 为什么说小肠是主要的吸收器官？
4. 食管生理性狭窄部位于哪里？有何临床意义？
5. 讨论各种主要营养物质如何在消化管进行消化和吸收。

模块四

呼 吸 系 统

呼吸系统的主要功能是从外界吸入氧，呼出体内新陈代谢过程中产生的二氧化碳，此外还有发音、嗅味和协助静脉血回心等功能。

情景引入

患者张某，男，70 岁，3 年前患突发性脑梗死，现居住在养老院，常年卧床。张某一个多月前高热不退，以发热、咳嗽和咳痰为主，尤以咳痰不利、痰液黏稠而致发生呛咳，体温 38 ~ 40 ℃，夜晚体温尤高。经诊断，张某患有坠积性肺炎。

对此应采取的预防措施有：定时翻身、拍背，保持肺功能，避免血流停滞于肺底。

问题：

1. 为什么长期卧床的病人易患坠积性肺炎？
2. 如何利用呼吸系统的知识解释张某的疾病？

课题一 呼吸系统的组成

学习目标

- 掌握呼吸道的组成、肺的位置和形态、气管与支气管的结构特点。
- 熟悉鼻、咽、喉的结构。
- 了解胸膜和纵隔。

呼吸系统由呼吸道和肺组成，如图 4–1–1 所示。

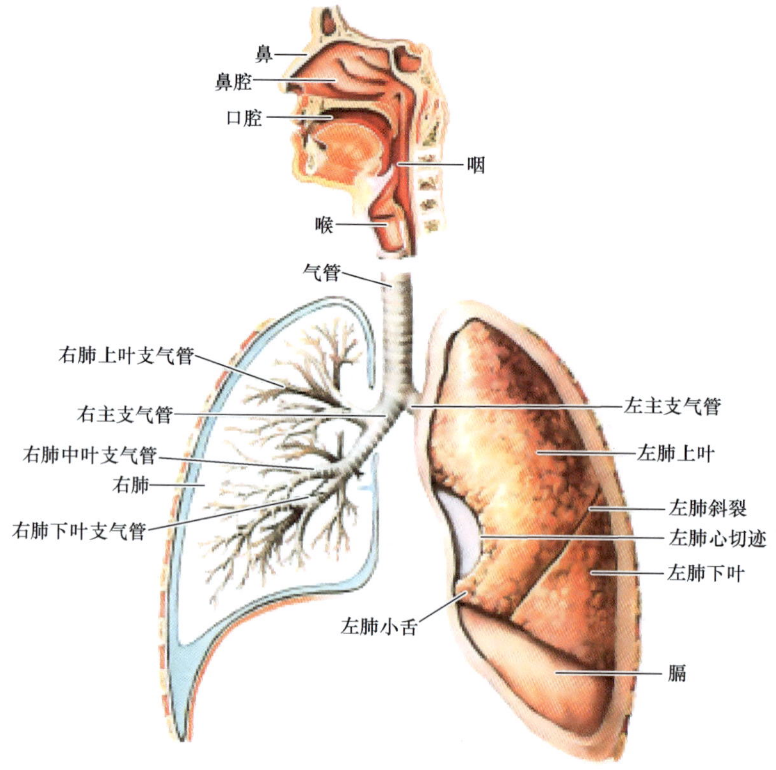

图 4–1–1 呼吸系统

一、呼吸道

呼吸道是肺呼吸时气流所经过的通道。呼吸道分为上下两部分，其中鼻、咽、喉合称上呼吸道，气管、支气管和肺部器官合称下呼吸道。

1. 鼻

鼻是呼吸道的起始部分，能净化吸入的空气并调节其温度和湿度。它也是嗅觉器官，还可辅助发音。鼻包括外鼻、鼻腔和鼻旁窦三部分。

（1）外鼻

外鼻是指突出于面部的部分，以骨和软骨为支架，外面覆以皮肤。其上端较窄，位于两眼之间的部分称为鼻根，下端高突的部分称为鼻尖，中央的隆起部称为鼻背，鼻尖两侧向外膨隆的部分称为鼻翼。

鼻尖和鼻翼处的皮肤较厚，富含皮脂腺和汗腺，与深部皮下组织和软骨膜连接紧密，容易发生疖肿。故其发炎时局部肿胀压迫神经末梢，可引起较剧烈的疼痛。

（2）鼻腔

鼻腔以骨性鼻腔和软骨为基础，表面覆以黏膜和皮肤。鼻腔由鼻中隔分为左右两腔，其前方经鼻孔通外界，后方经鼻后孔通咽腔，如图 4-1-2 所示。

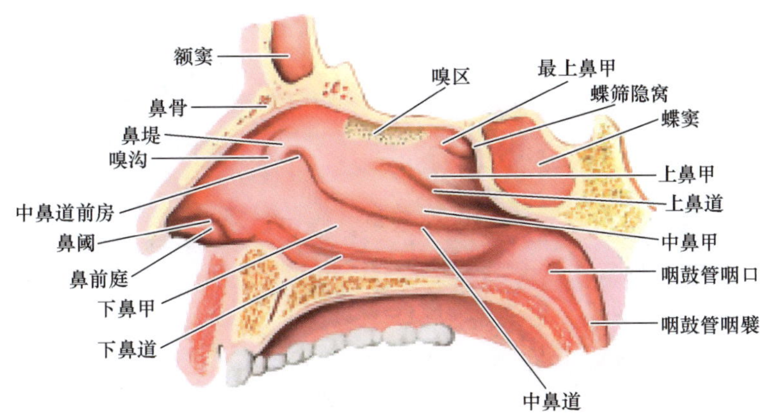

图 4-1-2　鼻腔

知识补给站

雾霾对呼吸系统的影响

雾霾已经成为一种严重的公共卫生问题，雾霾对呼吸道的影响也成为广大群众关注的焦点。

雾霾是由空气中的颗粒物（PM）形成气溶胶凝集物并与水蒸气相互作用，在一定气象条件下（如相对湿度、风速等）经物理、化学反应形成的极端天气现象。雾霾对人体健康影响巨大，雾霾中的 $PM_{2.5}$ 和 PM_{10} 等颗粒物悬浮在空气中，可随着呼吸进入呼吸系统，沉积在喉部、支气管、终末细支气管和肺泡中。雾霾对呼吸系统的损害是极大的，它还可通过呼吸道进入体内循环，进而损坏心血管系统、中枢神经系统、消化系统、泌尿系统等。

（3）鼻旁窦

鼻旁窦由骨性鼻旁窦和其表面所覆的黏膜构成，鼻旁窦黏膜通过各窦开口与鼻腔黏膜相连，如图 4-1-3 所示。鼻旁窦左右成对，共四对，分别是上颌窦、额窦、筛窦和蝶窦，筛窦又分前、中、后三组，四对鼻旁窦分别位于其同名颅骨内。鼻旁窦均开口于鼻腔，额窦、上颌窦、筛窦前群和中群均开口于中鼻道；筛窦后群开口于上鼻道；蝶窦开口于蝶筛隐窝。鼻旁窦对发音有共鸣作用，也能协助调节吸入空气的温度和湿度。由于鼻腔和鼻旁窦的黏膜相连，所以鼻腔炎症可引起鼻旁窦发炎。

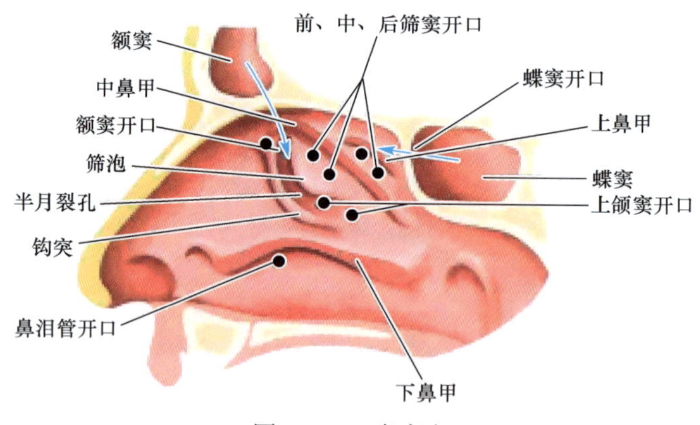

图 4-1-3　鼻旁窦

2. 咽

咽是一个上宽下窄、前后略扁的漏斗形肌性管道，全长约 12 cm。其后壁平整，前壁不完整，与鼻腔、口腔和喉腔相通。

3. 喉

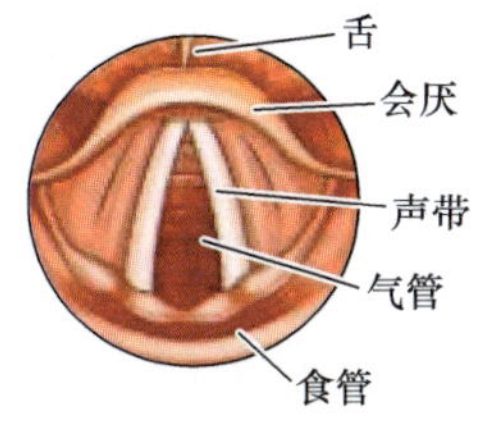

图 4–1–4 喉（上面观）

喉是呼吸道，也是发声器官，位于颈前部，相当于第 4 ~ 6 颈椎范围。女性的喉略高于男性，儿童略高于成人。喉上方以韧带和肌肉系于舌骨，下方连接气管，故吞咽时喉可向上移动。喉的上面观如图 4–1–4 所示。

4. 气管与支气管

（1）气管

气管连接喉与支气管，它不仅是呼吸空气的通道，而且具有防御、清除异物、调节空气温度和湿度的作用。气管为后壁略平的圆形管道，成人气管长 11 ~ 13 cm，分为左、右支气管，分叉处称为气管杈。

（2）支气管

支气管自气管杈分为左右两支，分别向左右斜行进入肺门。左、右支气管之间的夹角为 60° ~ 80°，女子略大于男子。支气管夹角的大小与胸廓形态有关，胸廓宽短者夹角较大，反之则小。

气管和支气管如图 4–1–5 所示。

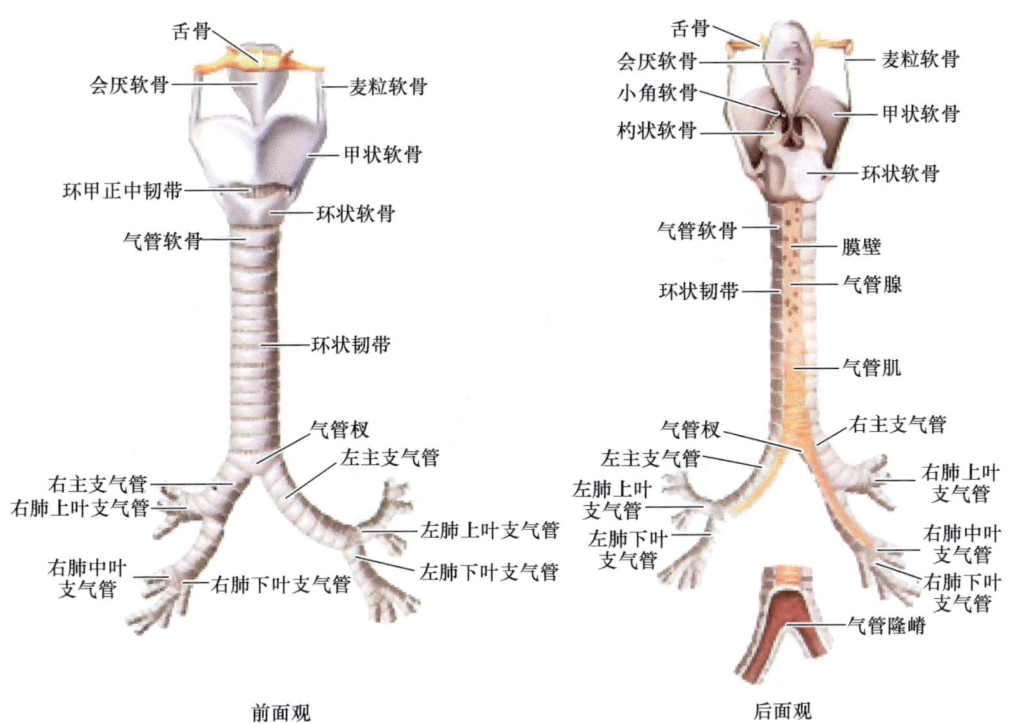

图 4–1–5 气管和支气管

支气管由黏膜层、黏膜下层和外膜组成。支气管黏膜的杯状细胞可分泌黏液，将吸入气体中的灰尘和细菌黏附起来。黏膜的纤毛上皮细胞上有纤毛，纤毛不停地向喉口方向摆动，将黏液、灰尘和细菌一起推向喉腔。喉腔黏膜十分敏感，受到痰液的刺激便反射性地咳嗽，将痰液排出体外，即咳痰。

知识补给站

痰的主要来源是气管腺、支气管腺和杯状细胞的分泌物。

二、肺

肺是进行气体交换的器官，位于胸腔内纵隔的两侧，左右各一，如图 4-1-6 所示。

1. 肺的形态

肺位于胸腔内，通过肺根和肺韧带固定于纵隔两侧。肺的颜色随人年龄、职业的不同而不同。小儿的肺呈淡红色，成人由于大量尘埃的吸入和沉积，肺多呈深灰色，并混有很多黑色斑点。肺内含有空气，呈海绵状，质地柔软。

肺的形态依空气充盈程度和胸廓的形状而变化，一般为圆锥形。

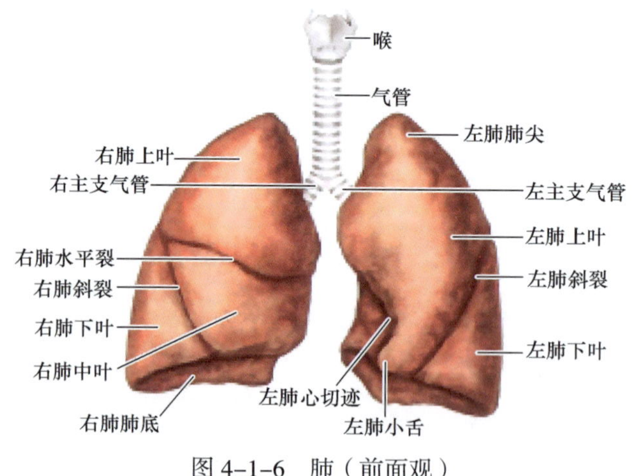

图 4-1-6　肺（前面观）

情景提示

张某的坠积性肺炎发生在肺底。

2. 肺内支气管

左、右支气管先在肺门处分出肺叶支气管，各肺叶支气管入肺后再分出肺段支气管（第三级支气管），之后再反复分支，越分越细，呈树状，故称为支气管树。每支肺段支气管与所属的肺组织称为支气管肺段。当肺段支气管阻塞时，该段内的空气供应断绝而致肺不张，因此，肺段在形态和功能上都有一定的独立性。临床上可根据病变的范围施行肺段切除术。

三、胸腔、胸膜、胸膜腔与纵隔

1. 胸腔

胸腔由胸廓与膈围成，属体腔的一部分，是由胸骨、胸椎和肋骨围成的空腔。其上部与颈相连，下部由膈和腹腔隔开。心、肺等器官都在胸腔内。

胸腔经胸廓上口与颈部相通。胸廓下口附着有膈，将胸腔和腹腔分开。胸壁不仅保护着胸部脏器，同时还保护着腹部上部的器官。

2. 胸膜

胸膜是一层光滑的浆膜，分别覆于左肺和右肺的表面、胸廓内表面、膈上面以及纵隔外侧面。

胸膜与肺的体表投影如图 4-1-7 所示。

3. 胸膜腔

贴在肺表面的胸膜称为脏胸膜，贴在胸廓内表面、膈上面和纵隔外侧面的胸膜称为壁胸膜。脏胸膜和壁胸膜在肺根处互相延续，形成左侧、右侧两个完全封闭的胸膜腔。腔内含少量浆液，其内压低于大气压（负压）。由于腔内负压和浆液吸附，故胸腔、壁胸膜紧紧贴在一起，实际上胸膜腔只是一个潜在性腔。呼吸时，随着胸腔容积的变化，肺容积也在不断改变，从而完成肺和外界的气体交换。

4. 纵隔

纵隔是两侧纵隔胸膜之间所有器官的总称。纵隔内的器官主要包括心包、心脏及出入心脏的大血管、气管、食管、胸导管、神经、胸腺和淋巴结等，纵隔左侧面观如图 4-1-8 所示。它们通过疏松的结缔组织相连，以利于各器官的活动。成人纵隔稍偏向左侧。纵隔正常位置的维持取决于两侧胸膜腔压力的平衡。当一侧胸膜腔压力增高（如气胸）或降低（如肺不张）时，可引起纵隔的位移或摆动。

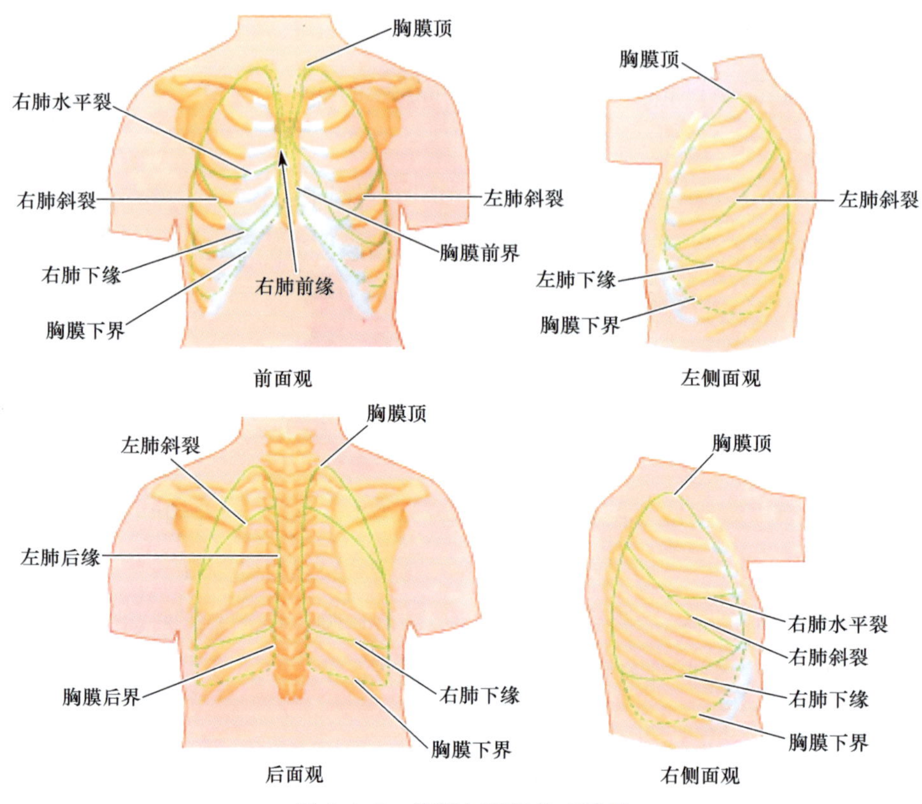

图 4-1-7 胸膜与肺的体表投影

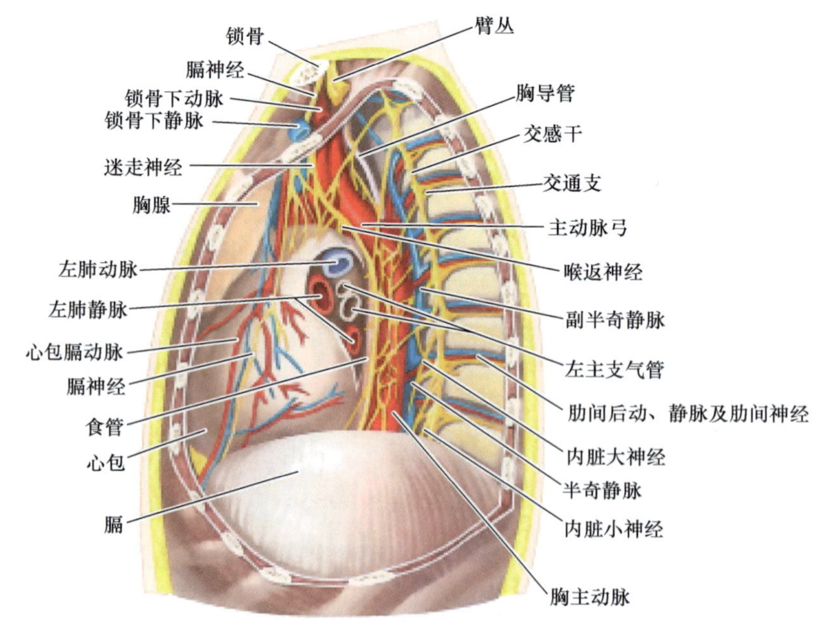

图 4-1-8 纵隔（左侧面观）

课题二
呼吸系统的功能

学习目标

- ◆ 掌握肺通气的原理，熟悉人体内气体的交换和运输过程。
- ◆ 了解呼吸的调节过程。

一、肺通气

1. 实现肺通气的器官

实现肺通气的器官包括呼吸道、肺泡、胸膜腔、膈和胸廓等。呼吸道是气体进出肺的通道，还具有加温、加湿、过滤和清洁吸入气体的作用以及引起防御反射（咳嗽反射和喷嚏反射）等保护功能。肺泡是肺换气的主要场所。胸膜腔连接肺和胸廓，使肺在呼吸过程中随胸廓的舒缩而舒缩。膈和胸廓中的胸壁肌则是全身呼吸运动的动力器官。

2. 肺通气的原理

肺通气是气体流动进出肺的过程，取决于推动气体流动的动力和阻止气体流动的阻力的相互作用。动力必须克服阻力，才能实现肺通气。

（1）肺通气的动力

呼吸运动是实现肺通气的原动力。

1）呼吸运动

呼吸运动可分为吸气运动和呼气运动，前者使胸廓扩大，后者则使胸廓缩小。主要吸气肌是膈和肋间外肌，主要呼气肌为肋间内肌和腹肌。

根据参与呼吸运动的呼吸肌的主次、多少和用力程度不同，呼吸运动可呈现不同的形式。

①腹式呼吸和胸式呼吸。以膈舒缩活动为主的呼吸运动称为腹式呼吸，以肋间外肌舒缩活动为主的呼吸运动称为胸式呼吸。一般情况下，成年人的呼吸运动都呈腹式和胸式混合式呼吸，只有在胸部或腹部活动受限时才出现某种单一形式的呼吸运动。例如，妊娠后期、胃及肠道胀气或腹膜出现炎症等情况下，因膈运动受限，故主要依靠肋间外肌舒缩而呈胸式呼吸。而婴幼儿因肋骨的排列基本上与脊柱垂直，倾斜度小，肋骨运动不易扩大胸腔容量，所以主要依靠膈舒缩而呈腹式呼吸。

②平静呼吸和用力呼吸。正常人安静状态下的呼吸平稳而均匀，呼吸频率为 12 ~ 18 次 / 分，吸气是主动的，呼气是被动的，这种呼吸形式称为平静呼吸。当机体运动或吸入气体中二氧化碳含量增加而氧含量减少，或肺通气阻力增大时，呼吸加深加快。此时不仅吸气肌舒缩活动加强，辅助吸气肌与呼气肌也参与呼吸运动，这种呼吸形式称为用力呼吸或深呼吸。在缺氧、二氧化碳增多或肺通气阻力增大较严重的情况下，可出现呼吸困难，表现为呼吸显著加深，鼻翼扇动，同时还会出现胸部困压的感觉。

2）胸膜腔内压

在肺和胸廓之间存在一个潜在的腔隙，即胸膜腔。它由脏胸膜和壁胸膜构成。胸膜腔内保持负压具有重要意义。胸膜腔内保持负压的一个重要前提是胸膜腔须保持其密闭性。其密闭性一旦丧失（如因外伤致胸壁破裂或因肺气肿引起肺大疱破裂，致胸膜腔与大气相通），空气便进入胸膜腔而形成气胸。气胸严重时，不但患侧呼吸和循环功能发生障碍，而且由于纵隔向健侧移位甚至出现纵隔随呼吸左右摆动，也将累及健侧的呼吸和循环功能。此时若不紧急处理，将危及生命。

（2）肺通气的阻力

肺通气过程中所遇到的阻力为肺通气阻力，可分为弹性阻力和非弹性阻力两类。肺通气阻力增大是临床上肺通气障碍最常见的原因。

二、肺换气和组织换气

1. 肺换气

肺换气是指肺泡与肺毛细血管血液之间的气体交换过程。

经肺通气进入肺泡的新鲜空气与血液进行气体交换，氧从肺泡顺着分压差扩散到静脉血，而静脉血中的二氧化碳则向肺泡扩散。这样，静脉血中的氧分压逐渐升高，二氧化碳分压逐渐降低，最后接近于肺泡的氧分压和二氧化碳分压。氧和二氧化碳的扩散速度极快，仅需约 0.3 秒即可完成肺部气体交换，使静脉血在流经肺部之后变成了动脉血。而一般血液流经肺毛细血管的时间约 0.7 秒，因此，当血液流经肺毛细血管全长约 1/3 时，肺换气过程基本上已完成。

知识补给站

打鼾是一种病

阻塞性睡眠呼吸暂停低通气综合征是一种病因不明的睡眠呼吸疾病，临床表现有夜间睡眠打鼾伴呼吸暂停和白天嗜睡。呼吸暂停引起反复发作的夜间低氧和高碳酸血症，可导致高血压、冠心病、糖尿病和脑血管疾病等并发症，甚至出现夜间猝死。因此，阻塞性睡眠呼吸暂停低通气综合征是一种有潜在致死性的睡眠呼吸疾病。

2. 组织换气

在组织中，由于细胞的有氧代谢，氧被利用并产生二氧化碳，所以氧分压可低至 30 mmHg 以下，而二氧化碳分压可高达 50 mmHg 以上。动脉血液流经组织毛细血管时，氧从血液向组织液和细胞扩散，二氧化碳则由组织液和细胞向血液扩散，动脉血因失去氧和得到二氧化碳而变成静脉血。这便是气体交换的过程，如图 4-2-1 所示。

三、气体在血液中的运输

血液是运输氧和二氧化碳的媒介。经肺换气摄取的氧通过血液循环运输到机体各器官和组织，供细胞利用。细胞代谢产生的二氧化碳经组织换气进入血液循环，运输到肺排出体外。

1. 氧的运输

血液中的氧以溶解的氧和结合的氧两种形式存在。其中溶解的氧量极少，仅占血氧含量的约 1.5%，结合的氧占 98.5% 左右。氧的结合形式是氧合血红蛋白。血红蛋白是红细胞内的色蛋白，它的分子结构特征使之成为极好的运氧工具。血红蛋白还参与二氧化碳的运输，所以血红蛋白在血液气体运输方面处于极为重要的地位。

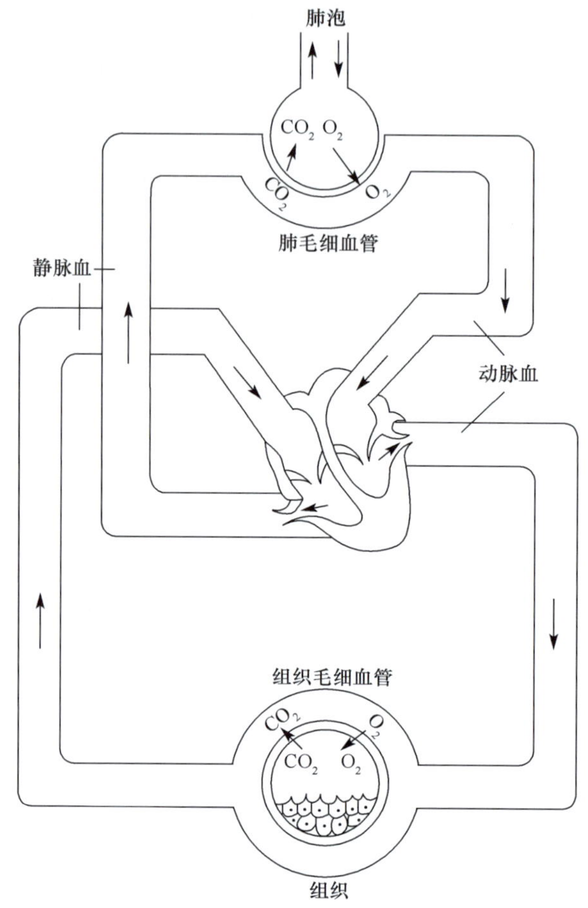

图 4–2–1　气体交换示意图

2. 二氧化碳的运输

血液中的二氧化碳以溶解和化学结合两种形式运输。溶解于血浆中的二氧化碳绝大部分扩散进入红细胞，在红细胞内以碳酸氢盐和氨基甲酸血红蛋白两种化学结合形式运输。碳酸氢盐形式是二氧化碳在血液中主要的运输形式。

四、呼吸的调节

呼吸运动是整个呼吸过程的基础，是呼吸肌的一种节律性舒缩活动，其节律起源于呼吸中枢。呼吸运动的深度和频率可随人体内外环境的改变而发生相应变化，以适应机体代谢的需要。例如，在运动时，代谢增强，呼吸运动加深加快，肺通气量增大，机体可摄取更多氧，排出更多二氧化碳。机体在完成其他某些功能活动（如说话、唱歌、吞咽、喷嚏反射、咳嗽反射等）时，呼吸运动也将受到相应调控，使其他功能活动得以实现。

1. 呼吸中枢

呼吸中枢分布在大脑皮层、间脑、脑桥、延髓和脊髓等部位。脑的各级部位在呼吸节律产生和调节中所起的作用不同。正常呼吸运动是在各级呼吸中枢的相互配合下进行的。

2. 呼吸的反射性调节

呼吸节律虽然产生于脑，但其活动可受来自呼吸器官本身以及骨骼肌、其他器官感觉器传入冲动的反射性调节。下面介绍其中一些重要的反射。

（1）肺牵张反射

由肺扩张或肺缩小引起的吸气抑制或兴奋的反射为黑－伯反射或肺牵张反射。它分为肺扩张反射和肺缩小反射。肺扩张反射是肺充气或扩张时抑制吸气的反射，肺缩小反射是肺缩小时引起吸气的反射。

（2）呼吸肌本体感受性反射

肌梭和腱器官是骨骼肌的本体感受器，它们所引起的反射为本体感受性反射。

（3）防御性呼吸反射

在整个呼吸道都存在着感受器，它们是分布在黏膜上皮的迷走神经末梢，受到机械或化学刺激时引起防御性呼吸反射，以清除刺激物，避免其进入肺泡。防御性呼吸反射主要包括咳嗽反射和喷嚏反射。

1）咳嗽反射

咳嗽反射的感受器位于喉、气管和支气管的黏膜。大支气管以上部位的感受器对机械刺激敏感，二级支气管以下部位的感受器对化学刺激敏感。传入冲动经迷走神经传入延髓，触发一系列协调的反应，引起咳嗽反射。

情景提示

照护人员应当鼓励老人保证充足的液体摄入，必要时可以配合雾化吸入。适当锻炼，增加肺活量，改善肺功能，定时翻身拍背，鼓励老人咳嗽等，都可以有效促进痰液排出。

2）喷嚏反射

喷嚏反射是与咳嗽反射类似的反射，不同的是：刺激作用于鼻黏膜感受器，传入神经是三叉神经；反射效应是腭垂下降，舌压向软腭，而不是声门关闭；呼出气体主要从鼻腔喷出，以清除鼻腔中的刺激物。

（4）血压对呼吸的影响

血压大幅度变化时可以反射性地影响呼吸。血压升高，呼吸减弱减慢；血压降低，呼吸加强加快。

思考与练习

1. 请根据所学呼吸系统知识，向情景引入中的张某解释正常肺的结构与功能，以及发生肺炎后张某的肺发生的改变。
2. 痰液被咳出的途径是什么?
3. 气体如何在血液中进行运输?
4. 呼吸的调节是怎样进行的?
5. 简述体育锻炼对呼吸系统的影响。

模块五
泌尿系统

泌尿系统由肾脏、输尿管、膀胱及尿道组成，是人体代谢产物的重要排泄途径，它还能调节水盐代谢和酸碱平衡，并产生多种具有生物活性的物质，对维持机体内环境的稳态有重要作用。

情景引入

患者段某，男，32岁。患Ⅱ型糖尿病2年。段某于5小时前突发右腰部阵发性绞痛，疼痛向下腹部放射，伴有恶心呕吐。既往体健。检查结果为：右腰部叩痛，右侧肋脊角压痛，无腹部压痛、反跳痛、肌紧张。经诊断，段某患有肾结石。

问题：

1. 患者的疼痛是如何引起的？
2. 为什么尿液里会有葡萄糖？
3. 段某在今后的生活中应注意哪些方面？

课题一
泌尿系统的组成

学习目标

- 掌握肾脏的形态和位置。
- 熟悉输尿管、膀胱、尿道的结构。

一、肾脏

肾脏是人体的重要器官，它的基本功能是生成尿液，借以清除体内代谢产物及某些废物、毒物，同时经重吸收功能保留水分及其他有用物质（如葡萄糖、蛋白质、氨基酸、碳酸氢钠等），以调节水、电解质平衡及维护酸碱平衡。肾脏同时还有内分泌功能，可生成肾素、促红细胞生成素、活性维生素 D_3、前列腺素、激肽等，它又是机体部分内分泌激素的降解场所和肾外激素的靶器官。肾脏的这些功能保证了机体内环境处于稳态，使新陈代谢得以正常进行。

1. 肾脏的形态、位置与毗邻

（1）肾脏的形态

肾脏为成对的扁豆状器官，呈红褐色，位于腹膜后脊柱两旁浅窝中，长 10 ~ 12 cm，宽 5 ~ 6 cm，厚 3 ~ 4 cm，重 120 ~ 150 g，如图 5-1-1 所示。左肾较右肾稍大。肾纵轴上端向内，下端向外，因此两肾上端相距较近，下端相距较远，肾纵轴与脊柱所成角度为 30° 左右。肾脏一侧有一凹陷，称为肾门，它是肾静脉、肾动脉出入肾脏以及输尿管与肾脏连接的部位。

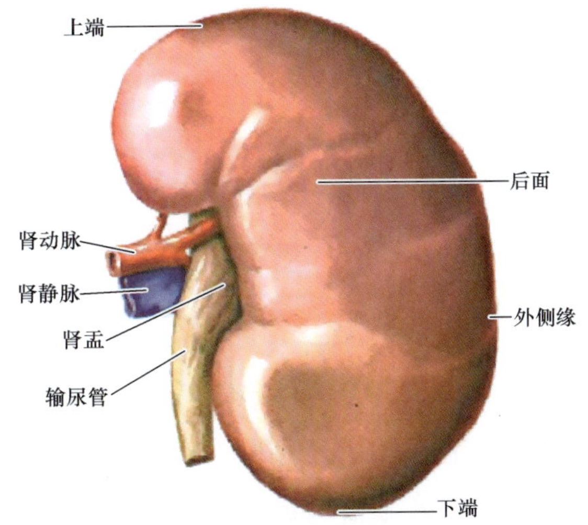

图 5-1-1　肾脏（右肾后面观）

（2）肾脏的位置

肾脏在横膈之下，位于脊柱两侧，紧贴腹后壁，居腹膜后方，如图 5-1-2 所示。右肾门正对第 2 腰椎横突，左肾门正对第 1 腰椎横突。左肾上端与第 11 胸椎椎体下缘持平，下端与第 2 腰椎椎体下缘持平。右肾由于肝脏关系比左肾略低 1 ～ 2 cm。正常肾脏上下移动均在 1 ～ 2 cm 以内。

左侧第 12 肋斜过左肾后面的中部，右侧第 12 肋斜过右肾后面的上部。体检时，仅右肾下端可以在肋骨下缘扪及，左肾不易摸到。

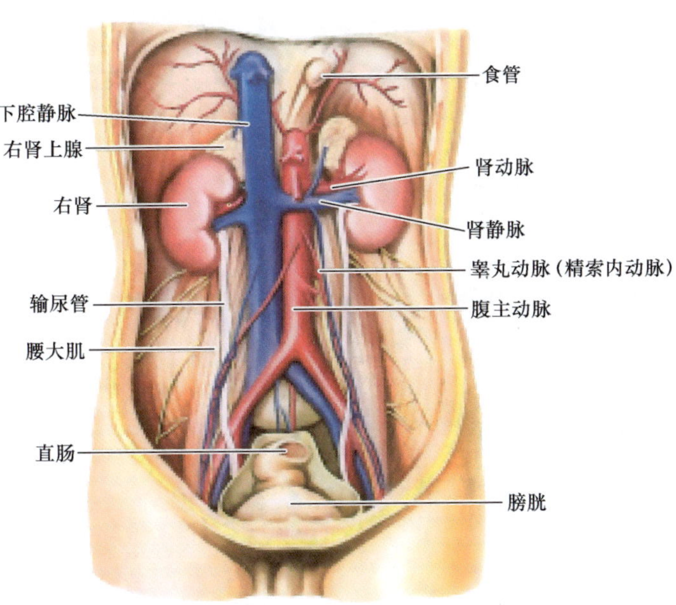

图 5-1-2　肾脏的位置

临床上常将竖脊肌外侧缘与第 12 肋之间的部位称为肾区。当肾有病变时，触压或叩击该区，常有压痛或震痛。

情景提示

段某的疼痛部位就是在右腰部和右侧肋脊角。

（3）肾脏的毗邻

肾上腺位于两肾的上方，二者均被肾筋膜包绕。左肾前上部与胃底后面毗邻，中部与胰尾和脾血管接触，下部邻接空肠和结肠左曲。右肾前上部与肝毗邻，下部与结肠右曲相接触，内侧缘与十二指肠降部相邻。

2. 肾脏的结构

肾脏内部可分为肾实质和肾盂两部分。从肾纵切面可以看到，肾实质分内外两层，外层为皮质，内层为髓质。

（1）肾皮质

肾皮质位于肾实质表层，富含血管，新鲜时呈红褐色，每个肾由约一百万个肾单位组成。肾单位是肾脏结构和功能的基本单位，每个肾单位包括肾小体和肾小管两部分。肾小体为微小的圆球体，包括肾小球和肾小囊两部分。肾小管是细长迂回的上皮性管道。

（2）肾髓质

肾髓质位于肾皮质的深面，血管较少，色淡红，由 15 ~ 20 个肾锥体构成（单肾）。

肾脏剖面如图 5-1-3 所示。

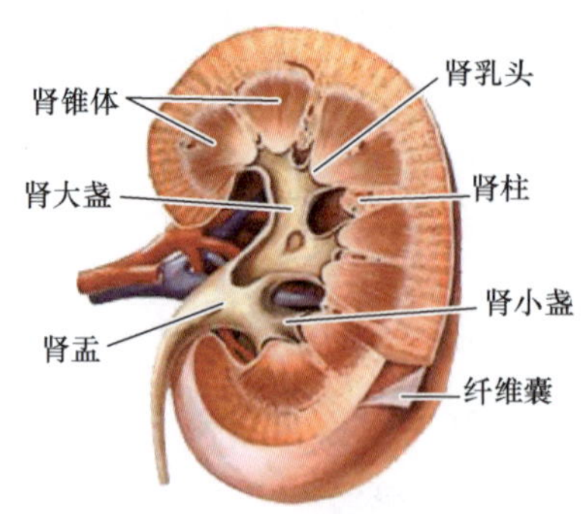

图 5-1-3　肾脏剖面

知识补给站

糖尿病肾病的症状

1. 出现厌食状况，经常感到恶心

有一些糖尿病肾病患者会经常出现食欲不振的现象，就算见到自己平时特别喜欢吃的东西，也没有想吃的欲望，还可能伴随着恶心的状况。患者因此体重减轻，变得越来越瘦，而且还会出现高血糖。

2. 水肿

糖尿病肾病患者在早期不容易出现水肿，但是当人体的血浆蛋白降低时，有些患者就会出现轻微的水肿。在晚期，随着血浆蛋白不断降低，身体出现水肿的情况也越来越严重。水肿成了糖尿病肾病的一种常见症状。

3. 贫血

具有明显氮质血症的患者会出现轻度或中度的贫血。其原因主要是长期限制蛋白质的摄入量会导致氮质血症，从而出现贫血。

4. 视网膜发生病变

糖尿病肾病患者随着病情的不断恶化，视网膜也会发生一些病变，并且还会出现心衰、膀胱炎等疾病，从而影响其肾功能。

二、输尿管

输尿管左右各一条，上端起于肾盂，在腰大肌表面下降，跨越髂总动脉和静脉，进入盆腔。输尿管沿盆腔壁下降，跨越骶髂关节前上方，在坐骨棘转折向内，斜行穿过膀胱壁，开口于膀胱。

输尿管可分为输尿管腹部、输尿管盆部和输尿管精索部三部分。每条输尿管有三个生理性狭窄部，即输尿管起始处、跨越小骨盆入口处、斜穿膀胱壁处，如图 5-1-4 所示。当肾结石随尿液下行时，容易嵌顿在输尿管的狭窄部，并产生输尿管绞痛和排尿障碍。

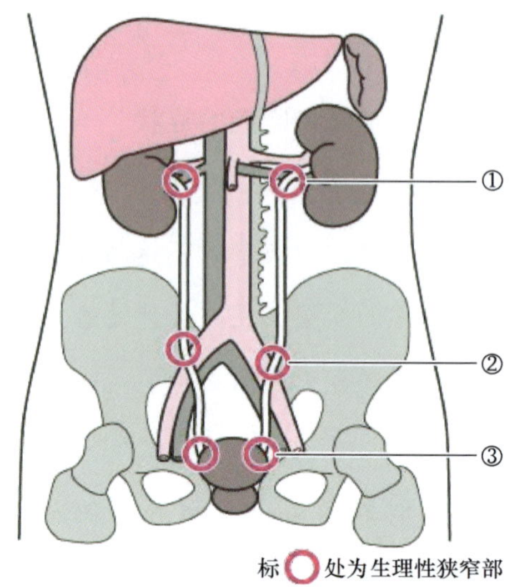

图 5-1-4 输尿管的三个生理性狭窄部

知识补给站

肾结石患者大多没有症状，除非结石从肾脏掉落到输尿管造成输尿管阻塞。肾结石常见的症状有腰腹部绞痛、恶心、呕吐、烦躁不安、腹胀、血尿等。

三、膀胱

膀胱是储存尿液的肌性囊状器官，其形状、大小和位置均随尿液充盈度变化而变化。成人膀胱容量 300 ~ 500 mL，最大容量可达 800 mL。

膀胱空虚时呈三棱锥状，如图 5-1-5 所示。膀胱前面观如图 5-1-6 所示。膀胱底部两侧输尿管口与尿道内口之间的区域为膀胱三角。由于缺少黏膜下层，此区域在膀胱膨胀或收缩时均无黏膜皱襞，所以此区域是膀胱结核和肿瘤的好发部位。

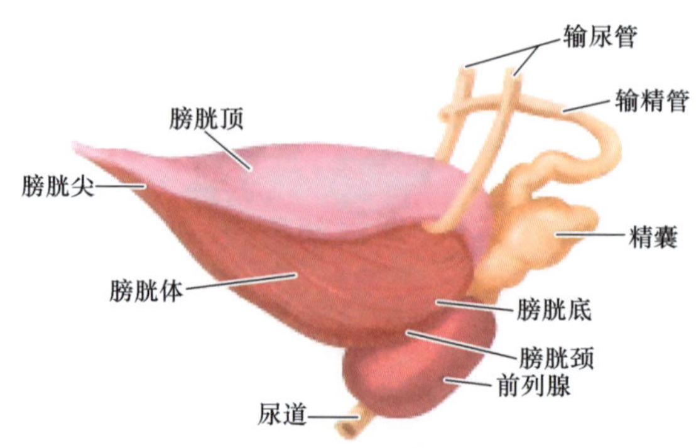

图 5-1-5 膀胱的形态

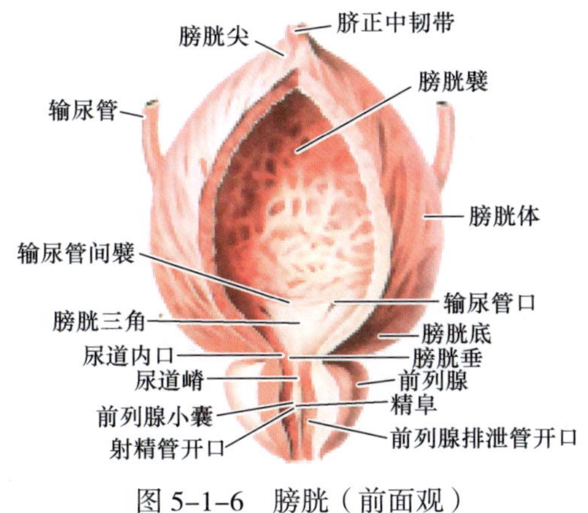

图 5-1-6 膀胱（前面观）

四、尿道

尿道是从膀胱通向体外的管道。男性尿道细长，长约 18 cm，起于膀胱的尿道内口，止于尿道外口，中间经过前列腺部、膜部和阴茎海绵体部。男性尿道兼有排尿和排精功能。女性尿道粗而短，长约 5 cm，起于尿道内口，经阴道前方，开口于阴道前庭。男性尿道在尿道膜部有一横纹肌构成的括约肌，称为尿道外括约肌，由意识控制。女性尿道在会阴穿过尿生殖膈时，由尿道阴道括约肌环绕。该肌为横纹肌，也受意识控制。

课题二 泌尿系统的功能

学习目标

- 掌握尿液的生成过程。
- 熟悉尿液排放的过程。

一、尿液

1. 尿液的主要成分

尿液的主要成分为水，还含有少量的尿素、尿酸、无机盐。尿液中无蛋白质和葡萄糖。

2. 尿量

正常人每昼夜排出的尿量在 1 000 ~ 2 000 mL 之间，一般为 1 500 mL 左右。在异常情况下，每昼夜的尿量可显著增多或减少，甚至无尿。每昼夜尿量长期保持在 2 500 mL 以上的称为多尿，每昼夜在 100 ~ 500 mL 之间的称为少尿，每天尿量不到 100 mL 的称为无尿。尿量太多，则体内水分丧失过多，会导致脱水；尿量太少，代谢产物将聚积在体内，给机体带来不良影响；无尿的后果则更为严重。

知识补给站

尿频的原因

1. 尿量增加

在生理情况下，大量饮水后，尿量也会增多，排尿次数亦增多，便出现尿频。在病理情况下，如部分糖尿病、尿崩症患者饮水较多时，尿量多，排尿次数也多。

2. 炎症

急性膀胱炎、膀胱结核、尿道炎、肾盂肾炎、外阴炎、前列腺炎等都可造成尿频。在炎症刺激下，可能尿频、尿急、尿痛同时出现，这称为尿路刺激征。

3. 膀胱容量减少

膀胱占位性病变、妊娠期增大的子宫压迫、结核性膀胱挛缩或较大的膀胱结石等疾病都会使膀胱容量减少，从而导致尿频。

4. 精神因素

不少人在紧张的时候都会有想要上厕所的感觉，这是膀胱受到精神因素刺激导致的。

偶尔出现的尿频可能是因为水喝得太多、精神紧张。但是长期的尿频多数是因为身体出现了疾病，可能是肾病也可能是结石、膀胱问题等。对尿频一定要引起重视，否则若病情进一步加重，治疗难度就更大。

3. 尿液的比重

尿液的比重随尿量的变化而变动，一般介于 1.015 ~ 1.025 之间，最大变动范围为 1.001 ~ 1.035。

4. 尿液的颜色

正常的尿液一般呈淡黄色或无色。但当人体泌尿器官或其他系统出现问题时，人的尿液可能出现不同颜色。

5. 尿液的气味

正常尿液的气味为氨味，放置后由于细菌分解尿素或出现氨臭味。若尿液新排出即有氨味，常提示患有慢性膀胱炎和慢性尿潴留。

二、尿液的生成过程

尿液生成的基本过程包括肾小球滤过、肾小管和集合管重吸收、肾小管和集合管分泌与排泄三个基本步骤，如图 5-2-1 所示。

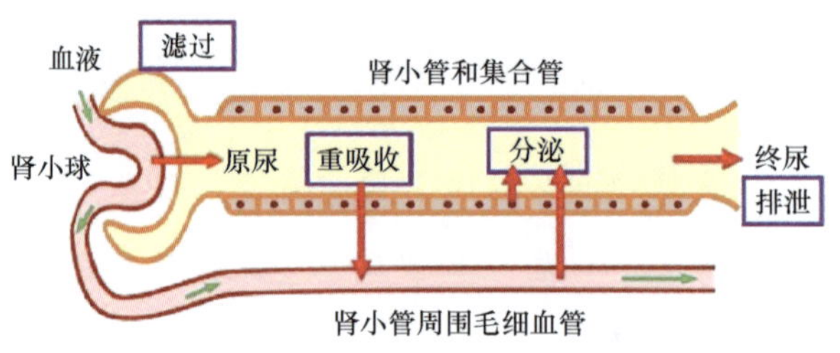

图 5-2-1　尿液生成的基本过程

1. 肾小球滤过

当血液流经肾小球毛细血管时，血浆中的水分、无机离子和小分子溶质通过滤过膜滤入肾小囊形成肾小球滤液（原尿）。

2. 肾小管和集合管重吸收

当原尿流经肾小管和集合管时，其中的水分和各种溶质全部或部分地透过肾小管上皮细胞，重新进入周围毛细血管血液中。由于肾小管各段和集合管的结构各有特点，故其重吸收的能力差异很大。其中近端小管重吸收能力最强，原尿中的各种营养物质几乎全部在近端小管被吸收。此外，原尿中大部分水和电解质及部分尿素、尿酸等也在该段被重吸收，如图 5-2-2 所示。

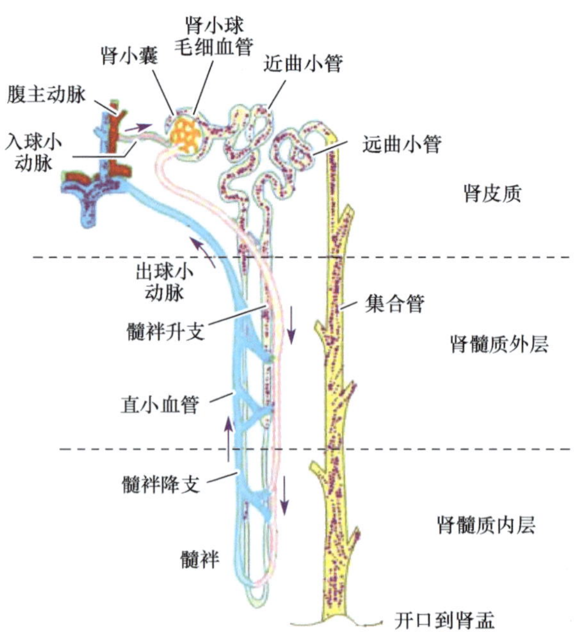

图 5-2-2　肾小管和集合管重吸收

3. 肾小管和集合管分泌与排泄

肾小管和集合管上皮细胞将代谢产物或血液中的某些物质排入小管液中的过程称为肾小管和集合管分泌与排泄过程。肾小管和集合管还可将血浆中的其他物质如肌酐、对氨基马尿酸等排入管腔。此外，进入体内的某些物质（如青霉素、酚红等），也主要通过肾小管排泄。以上这些物质的排泄大多在近端小管进行。

三、尿液的浓缩与稀释

尿液的渗透浓度可由于体内缺水或水过剩等不同情况出现大幅度的变动。当体内缺水时，机体将排出渗透浓度明显高于血浆渗透浓度的高渗尿，即尿液被浓缩。而体内水过剩时，将排出渗透浓度低于血浆渗透浓度的低渗尿。所以，根据尿液的渗透浓度可以了解肾的浓缩和稀释能力。肾的浓缩和稀释能力在维持体液平衡和渗透压恒定中有极为重要的作用。

四、尿液的储存与排放

尿液的生成是个连续不断的过程。持续不断进入肾盂的尿液，由于压力差及肾盂的收缩而被送入输尿管，输尿管中的尿液则通过输尿管的周期性蠕动而被送入膀胱。但是，膀胱的排尿是间歇地进行的。尿液在膀胱内储存并达到一定量时，才能引起反射性排尿动作，将尿液经尿道排放于体外。

排尿或贮尿任何一方发生障碍，均可出现排尿异常，临床上常见的有尿频、尿潴留和尿失禁。排放次数过多者称为尿频，常常是由于膀胱炎症或机械性刺激（如膀胱结石）引起的。膀胱中尿液充盈过多而不能排出者称为尿潴留。尿潴留多半是由于腰骶部脊髓损伤使排尿反射初级中枢的活动发生障碍所致。此外，尿流受阻也能造成尿潴留。当脊髓受损，以致初级中枢与大脑皮层失去联系时，排尿便失去了意识控制，可出现尿失禁。

知识补给站

憋尿的危害

憋尿对于人们来说是很平常的一件事，但从健康的角度来说，憋尿对人体的伤害很大。憋尿主要有以下危害：

1. 排尿性晕厥

排尿性晕厥是由于血管舒张和收缩障碍造成低血压，引起大脑一时供血不足所致。

2. 膀胱破裂

憋足尿的膀胱就像吹满气的气球，其壁甚薄。患有膀胱结核、膀胱憩室的人可因此引发膀胱自发性破裂。

3. 排尿困难

憋尿时，膀胱内的括约肌和逼尿肌会时刻处于紧张状态。如果憋尿时间过长，尿量不断增多，膀胱内压增高，可能会发生排尿困难、排尿不畅、漏尿、尿失禁等膀胱颈梗阻症状。

4. 膀胱炎

尿液中往往有少量细菌和有毒物质，尿液久贮膀胱有利于细菌生长繁殖，容易引起膀胱炎、尿道炎等，还可能向上蔓延到肾脏，甚至损害肾功能。因此，如果长时间憋尿，排尿后可以补充大量的水分强迫自己多小便几次，将膀胱内滋生的细菌冲洗出来，避免患膀胱炎。

如果有长期憋尿习惯，建议每年做一次泌尿系统超声检查。若出现尿频、尿急、尿不畅等现象，应及时咨询医生。

思考与练习

1. 请根据所学泌尿系统知识向情景引入中的段某解释正常肾的结构与功能，以及患有糖尿病后肾脏发生的变化。

2. 尿液是怎样生成的？

3. 尿液的排放受哪些因素的影响？

4. 什么是膀胱三角？

模块六
循环系统

循环系统是人体内执行运输功能的相互连接的管道系统，包括心血管系统和淋巴系统两部分。循环系统的活动受神经和体液的调节，且与呼吸、泌尿、消化、神经和内分泌等多个系统相互协调，从而使机体能很好地适应内外环境的变化。掌握循环系统的有关知识可以为实施血压测量、心肺复苏以及冠心病、高血压、心衰等疾病的照护工作打下基础。

情景引入

患者杨某，男，70 岁，患高血压病 30 年。目前跟老伴共同居住在某养老机构，平日血压控制在 150/80 mmHg，长期服用卡托普利。患者日常体质较好，也能按时吃药，但脾气较差，易生气发怒。经诊断，杨某患有 1 级高血压病。

问题：

1. 怎样用循环系统的知识解释血压的概念及影响血压的因素？

2. 杨某日常应该注意哪些健康问题？

课题一 循环系统的组成与功能

学习目标

- 掌握心血管系统的组成和血液循环的概念。
- 掌握体循环和肺循环的路径。
- 熟悉心血管系统和淋巴系统的主要功能。

一、循环系统的组成

1. 心血管系统的组成

心血管系统包括心脏、动脉、毛细血管和静脉。心脏是血液循环的动力器官，终生工作不息；血管是血液运行的管道和物质交换的场所，并具有分配血量的作用。在整个生命活动过程中，心脏不停地跳动，推动血液在心血管系统内循环流动。

（1）心脏

心脏是联结动脉、静脉的枢纽和心血管系统的“动力泵”，主要由心肌构成，且具有内分泌功能。心脏内部分为互不相通的左右两半，每半又各分为心房和心室，故心脏有四个腔，即左心房、左心室、右心房和右心室。同侧心房和心室经房室口相通。心房接入静脉，心室发出动脉。在房室口和动脉口处均有瓣膜，它们颇似泵的阀门，可顺流而开启，逆流而关闭，保证血液定向流动。

（2）动脉

动脉是运送血液离心的管道。动脉管壁较厚，可分为 3 层。内膜菲薄，腔面为一层内皮细胞，能减少血流阻力；中膜较厚，含平滑肌、弹性纤维和胶原纤维，大动脉的中膜以弹性纤维为主，中、小动脉的中膜以平滑肌为主；外膜由疏松结缔组织构成，含胶原纤维和弹性纤维，可防止血管过度扩张。动脉壁的结构与其功能密切相关。大动脉中膜弹性纤维丰富，有较大的弹性。心室射血时，管壁被动扩张；心室舒张时，管壁弹性回缩，推动血液继续向前流动。中、小动脉尤其是小动脉的中膜平滑肌可在神经体液调节下收缩或舒张以改变管腔大小，从而影响局部血流量和血流阻力。动脉在延伸中不断分支，越分越细，最后移行为毛细血管。

（3）毛细血管

毛细血管连接动脉、静脉末梢，管径一般为 6 ～ 8 μm，管壁主要由一层内皮细胞和基膜构成。毛细血管彼此吻合成网，遍布全身各处（除角膜、晶状体、毛发、软骨、牙釉质和被覆上皮外）。毛细血管数量多，管壁薄，通透性好，管内血流缓慢，是血液与组织液进行物质交换的场所。

（4）静脉

静脉是运送血液回心的血管。小静脉由毛细血管汇合而成，在向心回流过程中不断接受属支，逐渐汇合成中静脉、大静脉，最后注入心房。静脉管壁也可以分为内膜、中膜和外膜三层，但其界线常不明显。与相应的动脉比较，静脉管壁薄，管腔大，弹性小，容血量较大。

情景提示

杨某的高血压病就是动脉血管血压过高。

2. 血液循环

血液由心室射出，经动脉、毛细血管、静脉返回心房，这种周而复始循环不止的过程称为血液循环。血液循环的主要功能是完成体内的物质运输：运送细胞新陈代谢所需的营养物质和氧到全身，以及运送代谢产物和二氧化碳到排泄器官。此外，由内分泌细胞分泌的各种激素及生物活性物质也通过血液循环运送到相应的靶细胞，实现机体的体液调节。机体内环境稳态的维持以及血液防御、免疫功能的实现也依赖于血液的循环流动。循环功能一旦发生障碍，机体的新陈代谢便不能正常进行，一些重要器官将受到严重损害，甚至危及生命。根据循环途径的不同，血液循环可分为体循环和肺循环，如图 6-1-1 所示。

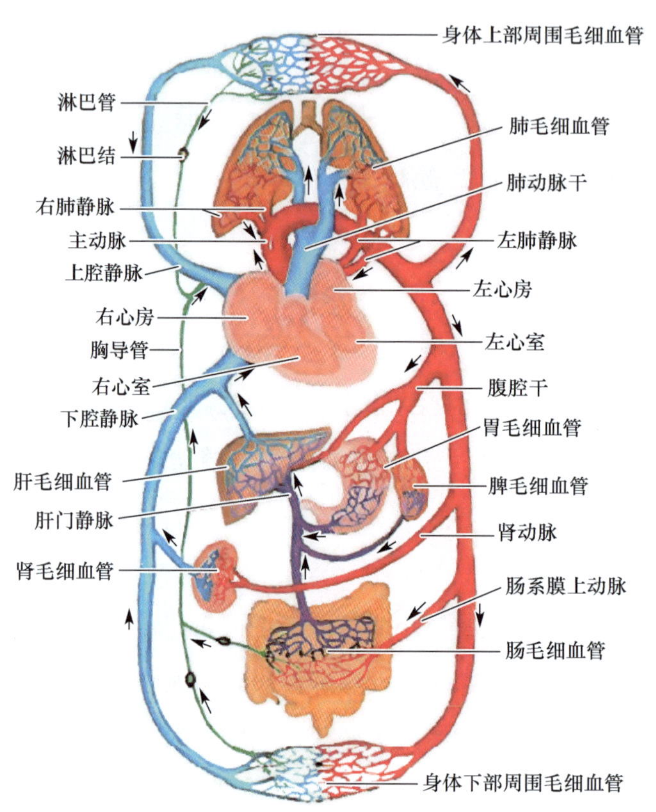

图 6-1-1　血液循环

（1）体循环

体循环又称大循环，血液由左心室射出，经主动脉及其分支到达全身毛细血管，血液在此与周围组织细胞进行物质和气体交换，最后通过上腔、下腔静脉和冠状窦返回右心房。体循环的特点是路程长、流经范围广，其主要功能是以含氧量高和营养物质丰富的动脉血向全身各部提供营养，并将一些代谢产物运回心。

（2）肺循环

肺循环又称小循环，血液由右心室射出，经肺动脉干及其分支到达肺泡毛细血管，进行气体交换后，再经肺静脉进入左心房。肺循环的特点是路程短，血液只通过肺，其主要功能是为血液加氧并排出二氧化碳。

知识补给站

心衰与体循环及肺循环的关系

心衰是一种复杂的临床综合征，它是指因各种心脏结构或功能性疾病导致心肌收缩功能明显减退，心脏的射血能力下降，心输出量降低并伴有心室充盈压升高，临床上以体循环、肺循环淤血和心输出量降低引起的症状和体征。根据心衰发生的解剖部位不同，心衰可分为左心衰、右心衰及全心衰。其中左心衰较为常见，以肺循环淤血为特征；右心衰以体循环淤血为主要特征；全心衰既有左心衰，又有右心衰，既有肺循环淤血的表现，又有体循环淤血的表现。

（3）血管吻合

人体的血管吻合形式多种多样。除经动脉毛细血管与静脉相连外，动脉与动脉、静脉与静脉，甚至动脉与静脉之间，可通过吻合支或交通支彼此相连，形成血管吻合，如图 6-1-2 所示。

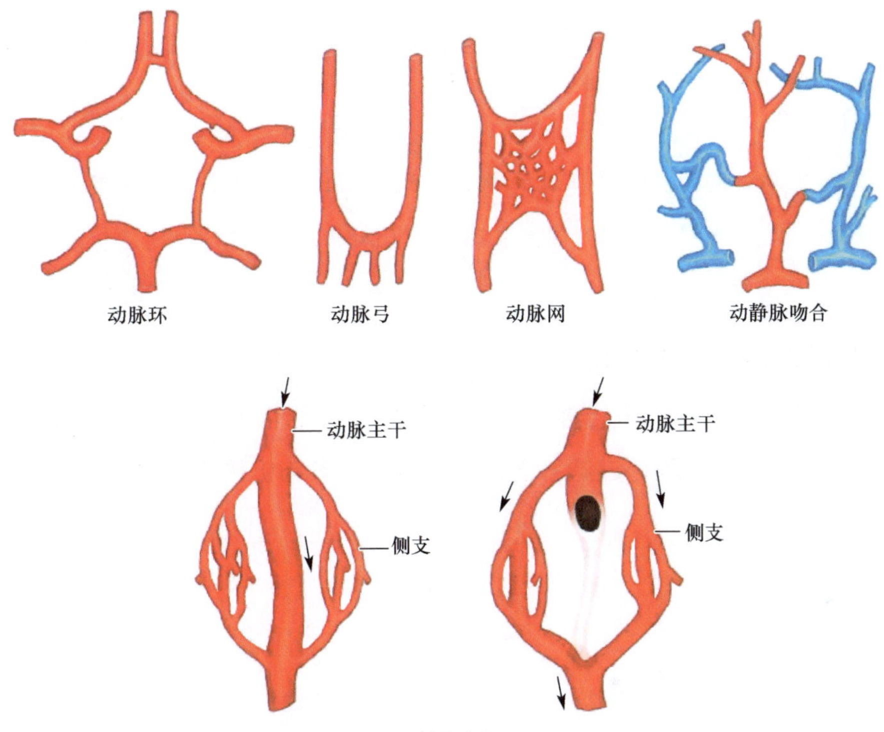

图 6-1-2　血管吻合示意图

3. 淋巴系统的组成

淋巴系统由淋巴管、淋巴组织和淋巴器官组成。淋巴管内流动着无色透明的液体，称为淋巴（液）。当血液流经毛细血管时，部分液体经毛细血管壁滤出，进入组织间隙，形成组织液。组织液与细胞进行物质交换后，大部分在毛细血管静脉端被吸收进入静脉血流；小部分进入毛细淋巴管内形成淋巴。淋巴沿各级淋巴管向心脏流动，途中经过若干淋巴结的过滤，最后注入静脉。故淋巴系统可视为心血管系统的辅助系统。

二、循环系统的主要功能

1. 心血管系统的主要功能

心血管系统是一个密闭的循环管道。血液在其中流动，将氧、各种营养物质、激素等提供给器官和组织，又将器官和组织代谢的废物运送到排泄器官，以保持机体内环境的稳态，维持新陈代谢的进行和正常的生命活动。心功能不全会导致心输出量减少，运送至全身的氧、营养物质等也会减少，全身各器官、组织和细胞便会处于缺血缺氧的状态，功能遂受到影响。

知识补给站

高血压病引起的主动脉压过高也会导致心输出量减少，进而影响全身器官功能。

2. 淋巴系统的主要功能

淋巴系统能协助静脉进行体液回流，而且淋巴器官（如淋巴结、脾等）和淋巴组织还能产生淋巴细胞，过滤淋巴，产生抗体，参与机体的免疫反应和发挥防御功能。

课题二
心血管系统

学习目标

- ◆ 掌握心脏的位置和外形，掌握冠状动脉的功能和心脏的泵血功能。
- ◆ 熟悉心脏的构造。
- ◆ 了解心音产生的原因和特点。
- ◆ 了解影响动脉血压的因素，掌握动脉血压的测量方法。
- ◆ 了解中心静脉压及外周静脉压的概念和临床意义。
- ◆ 熟悉心血管活动的调节方式。

一、心脏

心脏是心血管系统的动力器官，其大小、形态和位置随着人年龄、体型、性别、生理功能和健康状况不同而存在差别。心脏的节律性收缩和舒张对血液的驱动作用称为心脏的泵功能或泵血功能，它是心脏的主要功能。心脏收缩时将血液射入动脉，并通过动脉系统将血液分配到全身各组织；心脏舒张时则通过静脉系统使血液回流到心脏，为下一次射血做准备。正常成年人安静时，心脏每分钟可泵出血液 5 ~ 6 L。

1. 心脏的解剖结构

（1）心脏的位置

心脏位于胸腔的中纵隔内，外裹心包，约 2/3 在身体正中线的左侧，1/3 在正中线的右侧。心脏上方连接出入心的大血管，下方邻接膈，两侧通过纵隔胸膜、胸膜腔与肺相邻，前方大部分被肺和胸膜所覆盖，如图 6-2-1 所示。

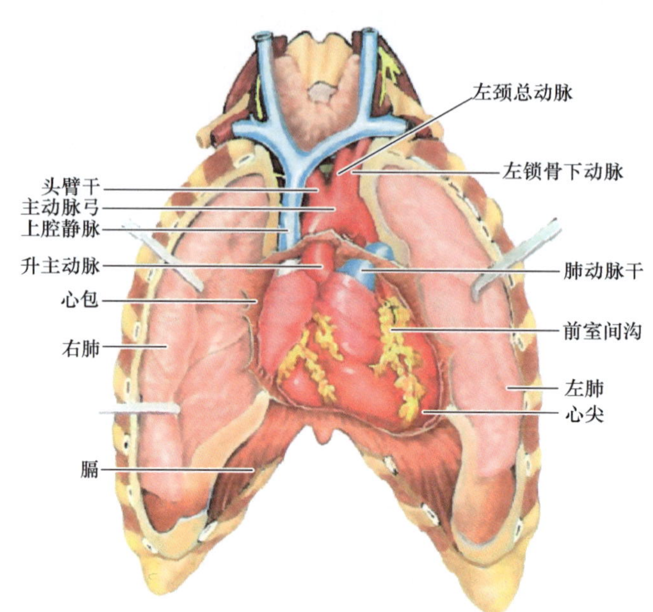

图 6-2-1　心脏的位置

（2）心脏的外形

心脏近似前后略扁的圆锥形，大小似人自己的拳头。心脏分为一尖、一底、两面、三缘和表面的四条沟，如图 6-2-2 所示。

心尖圆钝、游离，由左心室构成，朝向左前下方，与左胸前壁接近，在左侧第 5 肋间隙、锁骨中线内侧 1 ~ 2 cm 处触诊可感知心尖搏动。心底朝向右后上方，主要由左心房和小部分右心房构成。心脏的胸肋面（前面）朝向前方，大部分由右心房和右心室构成；心脏的膈面（下面）几乎呈水平位，朝向下后，隔心包与膈紧贴。心脏的下缘较锐利，接近水平位，介于膈面与胸肋面之间，由右心室和心尖构成；心脏的左缘钝圆，斜向左下，大部分由左心室构成。冠状沟近心底处，近似环形，其前方被肺动脉干根部所中断，冠状沟是心房和心室在心表面的分界标志。

（3）心腔

1）右心房

右心房位于心脏的右上方，其内面如图 6-2-3 所示。其向左前方突出的部分称为右心耳。当心脏功能发生障碍、血流淤滞时，心耳内易形成血凝块。血凝块一旦脱落则形成栓子，可致血管堵塞。按血流方向，右心房有三个入口，它们分别引导上、下半身和心壁的血液汇入右心房。右心房的后内侧壁主要由房间隔组成，其下部有一卵圆形的浅窝，称为卵圆窝，胎儿时期此处为卵圆孔，左、右心房通过此

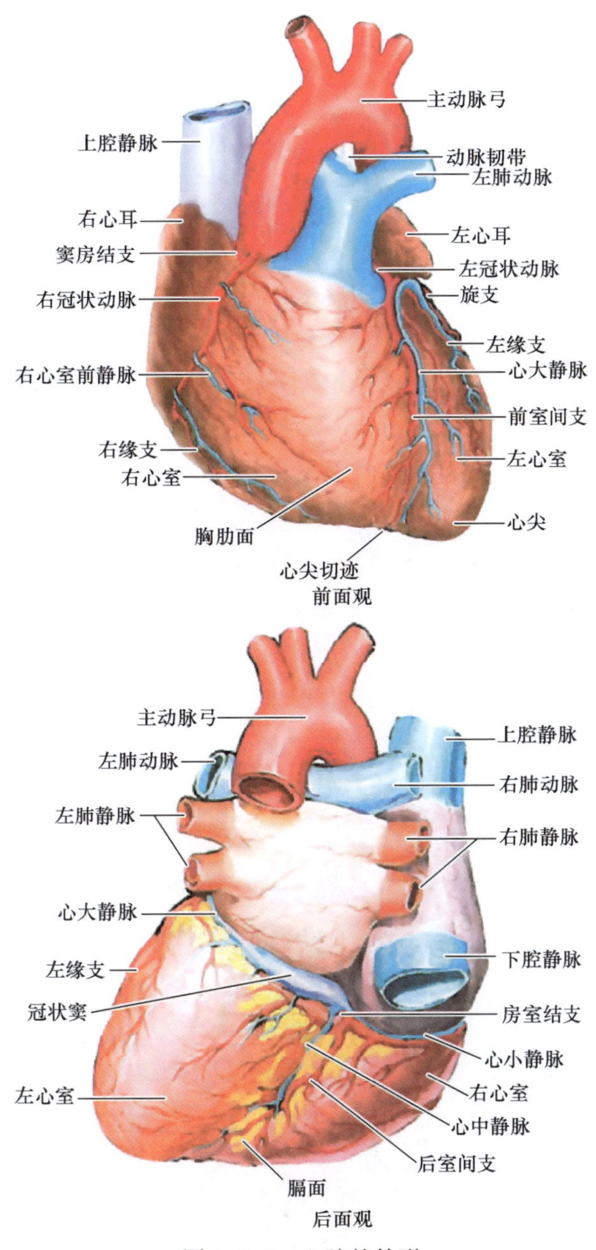

图 6-2-2　心脏的外形

孔相通。人出生以后此孔逐渐封闭，遗留的凹陷即为卵圆窝。如果人出生后 1 年左右此孔仍未封闭，就会形成一种先天性心脏病即房间隔缺损，据统计该病发病数占先天性心血管疾病的 51%。

2）右心室

右心室位于右心房的左前下方，构成心胸肋面的大部，其内部结构如图 6-2-4 所示。

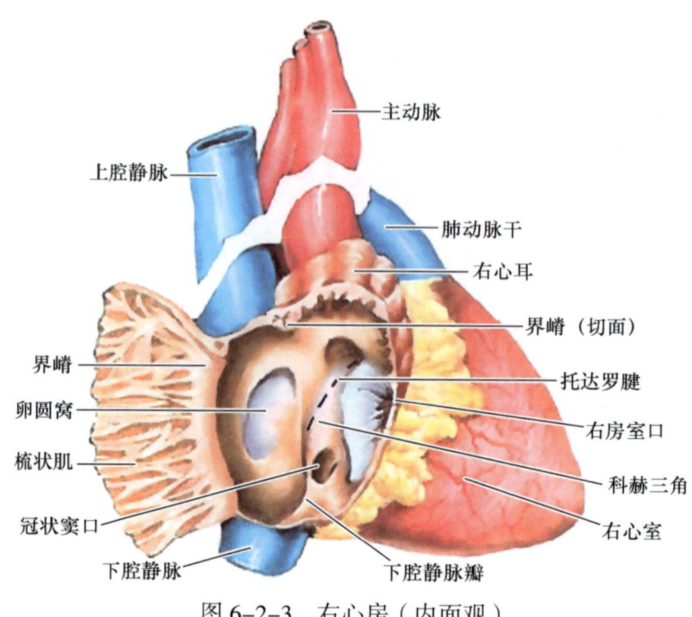

图 6-2-3　右心房（内面观）

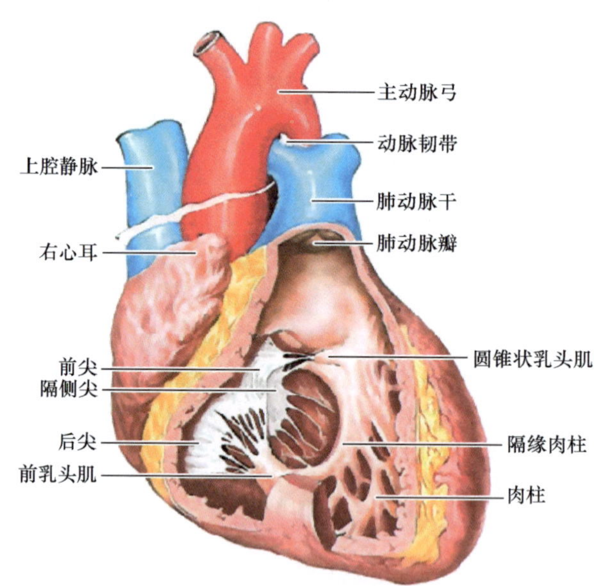

图 6-2-4　右心室内部结构

3）左心房

左心房（见图 6-2-5）位于右心房的左后方，构成心底的大部，其向右前方突出的部分称为左心耳。左心耳有一个入口、一个出口。

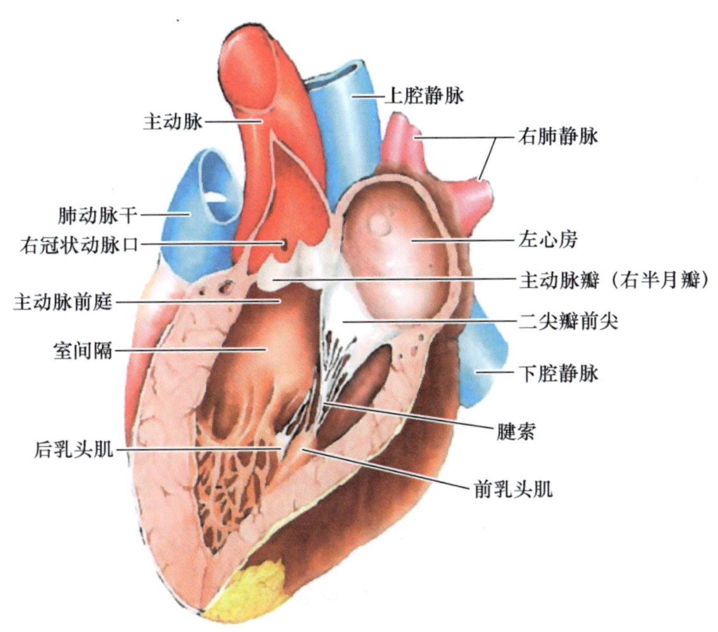

图 6-2-5　左心房

4）左心室

左心室位于右心室的左后方，构成心尖及心左缘。左心室与右心室一样，有出入两口。入口即左房室口，周围的纤维环上有两片近似三角形的瓣膜，称为二尖瓣。出口位于前内侧部，称为主动脉口。其周围的纤维环上有三片半月形瓣膜，称为主动脉瓣。

知识补给站

长期高血压会使后负荷增加，使左心室心肌肥厚，使心肌细胞体积增大，重量增加。当心肌细胞增大到一定程度时，会造成向心性肥大，室壁增厚，心腔明显扩大。严重时会出现主动脉关闭不全，甚至心衰。

心脏像一个“血泵”，瓣膜类似“闸门”，保证了心内血液的定向流动。当心室收缩时，二尖瓣和三尖瓣（附于右房室口周缘的三片瓣膜）关闭，主动脉瓣和肺动脉瓣开放，血液由心室射入动脉；当心室舒张时，二尖瓣和三尖瓣开放，主动脉瓣和肺动脉瓣关闭，血液由心房进入心室。风湿性心脏病常常表现为二尖瓣、三尖瓣、主动脉瓣中有一个或几个瓣膜狭窄和（或）关闭不全。患者初期常常无明显症状，后期则表现为心慌气短、乏力、咳嗽、下肢水肿、咳粉红色泡沫痰等心功能不全的症状。

（4）心壁、房间隔与室间隔

1）心壁

心壁由心内膜、心肌层和心外膜组成。心肌层是构成心壁的主体，包括心房肌和心室肌两部分。

2）房间隔与室间隔

房间隔与室间隔如图 6-2-6 所示。房间隔又名房中隔，位于左、右心房之间。房间隔向左前方倾斜，由两层心内膜中间夹心房肌纤维和结缔组织构成。房间隔右侧面中下部有卵圆窝，这是房间隔最薄弱处。室间隔又名室中隔，位于左、右心室之间，呈 45° 倾斜。室间隔上方呈斜位，随后向下至心尖呈顺时针方向作螺旋状扭转。

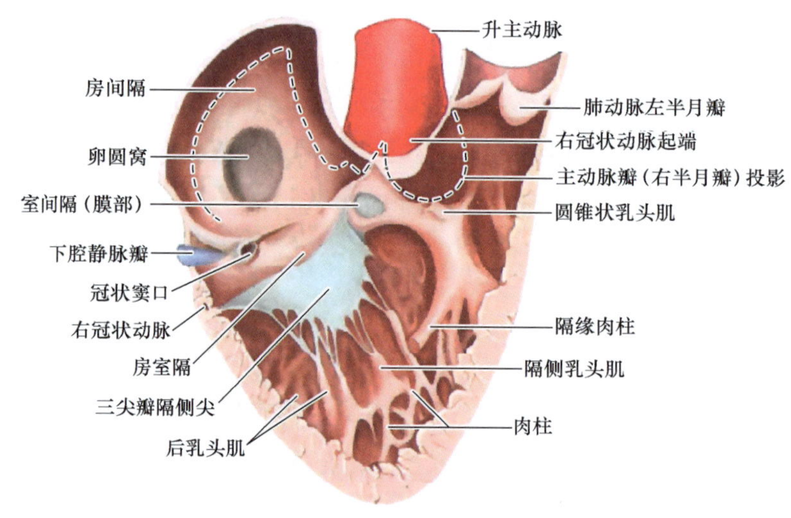

图 6-2-6　房间隔与室间隔

2. 心脏的血管

心脏的血液供应来自左、右冠状动脉。回流的静脉血绝大部分经冠状窦汇入右心房，一部分直接流入右心房，极少部分流入左心房和左、右心室。心脏本身的循环称为冠状循环。虽然心脏重量仅占体重的约 0.5%，但总的冠状动脉血流量占心输出量的 4% ~ 5%。因此，冠状循环具有十分重要的作用。

（1）动脉

1）右冠状动脉

右冠状动脉起于主动脉右窦，行于右心耳与肺动脉干根部之间，沿冠状沟向右行，绕过心右缘至心的膈面，分为后室间支和左室后支。右冠状动脉发生阻塞可引起后壁心肌梗死和房室传导阻滞。

2）左冠状动脉

左冠状动脉起于主动脉左窦，向左行于左心耳和肺动脉干之间，随即分为前室间支和旋支。冠状动脉的分布类型如图 6-2-7 所示。旋支闭塞时常引起左室侧壁或后壁心肌梗死。冠状动脉造影术可用于临床诊断冠状动脉粥样硬化性心脏病。血管造影剂可清楚地将整个左冠状动脉或右冠状动脉的主干及其分支的血管腔显示出来，据之可以了解血管有无狭窄病灶存在，并对病变部位、范围、严重程度以及血管壁的情况等做出明确诊断。

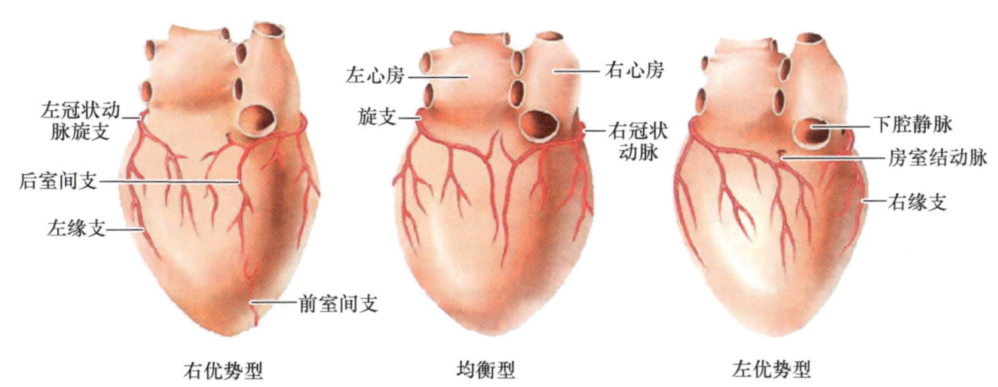

图 6-2-7 冠状动脉的分布类型

知识补给站

冠 心 病

冠心病全称冠状动脉粥样硬化性心脏病，有时也叫缺血性心脏病，是指因冠状动脉粥样硬化导致心肌缺血、缺氧而引起的心脏病。

冠状动脉是唯一向心脏供给血液的血管，其形态似冠状，故称为冠状动脉。这条血管也会同全身其他血管一样硬化，呈粥样改变，造成供给心脏血液循环障碍，引起心肌缺血、缺氧，即为冠心病。

冠心病是中老年人的常见病、多发病，严重危及人的生命。多数人平时没有任何症状，工作、学习、生活均如常，但常有心肌缺血的征象（如感到心前区不适或者乏力），虽症状很轻微，但若及时检查，会发现心肌缺血，可以尽早预防。有的病人症状比较明显，经常出现胸骨后或左心区疼痛，且多呈一过性，持续时间较短，这说明心脏已有供血不足的情况。如急性发作时表现出心前区剧痛、脉微、大汗淋漓、口唇发绀等症状，说明伴有心肌梗死，应进行急救处理后再由医院抢救。中老年人应经常进行相关检查，防止发生意外。

（2）静脉

心壁的静脉绝大部分汇入冠状窦，再经冠状窦口注入右心房。冠状窦在心膈面，位于左心房和左心室之间的冠状沟内。

3. 心包

心包是包裹心脏和出入心脏的大血管根部的圆锥形纤维浆膜囊，分内外两层，外层为纤维心包，内层为浆膜心包，如图 6-2-8 所示。

心包有三个主要功能：一是固定心脏于正常位置，防止心脏过度扩张；二是减少心脏搏动时的摩擦；三是作为屏障，防止邻近部位的感染波及心脏。

4. 心脏的泵血功能

心脏通过不停节律性收缩和舒张来实现其泵血功能。正常成年人安静时，心脏每分钟可泵出血液 5 ~ 6 L。

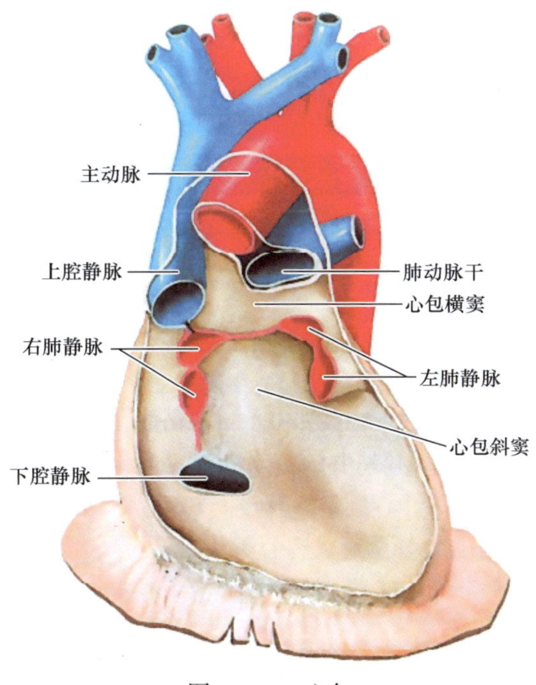

图 6-2-8 心包

运动员的心脏

人的身体运动时，在神经体液的调节下，心血管系统的功能会发生相应变化以适应代谢的需要。长期运动训练会引起心脏功能改善，包括心脏的收缩与舒张机制的改善。运动员的心脏收缩和舒张功能均优于普通人，心脏储备能力较强。

运动员心脏的突出特点是做功效率高，搏出量明显高于正常人，具有较强的储备能力，心室顺应性好。

（1）心动周期

心房或心室每收缩和舒张一次所形成的机械活动周期称为一个心动周期或一次心跳。心动周期包括收缩期和舒张期。每分钟心动周期的次数称为心率，心动周期持续的时间与心率快慢有关。成人心率按 75 次 / 分计算，则一个心动周期为 0.8 秒。心率加快时，心动周期缩短，收缩期和舒张期都相应缩短，但舒张期缩短更多，这对心脏的持久活动是不利的。心动周期中心房和心室活动的顺序和时间关系如图 6-2-9 所示。

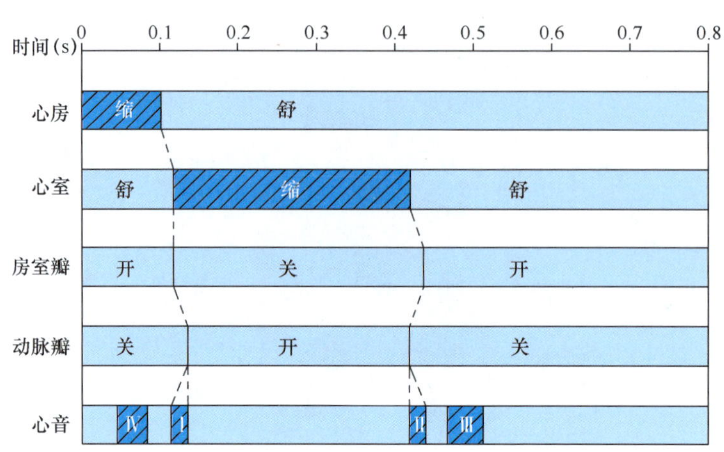

图 6-2-9　心动周期中心房和心室活动的顺序和时间关系

（2）心脏的泵血过程

在心脏的泵血活动中，心室起主导作用，左、右心室的活动接近同步，其射血和充盈过程极为相似。根据心室内压力、容积的改变以及瓣膜启闭与血流情况，可将心室的泵血过程分为心室收缩期和心室舒张期。

1）心室收缩期

心室收缩期分为等容收缩期和射血期。

①等容收缩期。心房收缩完毕进入舒张期后，心室开始收缩，室内压迅速增高。当室内压超过房内压时，心室内的血液推动房室瓣使其关闭，血液不致倒流入心房。此时，室内压仍低于主动脉压，主动脉瓣仍处于关闭状态。这段时期内，心室腔处于关闭状态，无血液进出心室。心室肌虽在持续收缩，作用于不可压缩的血液，但心室容积并不改变，故这段时期称为等容收缩期，历时约 0.05 秒。这时心肌纤维虽不缩短，但肌张力和室内压急剧升高。若心肌收缩能力减弱或后负荷增大，等容收缩期即延长。

知识补给站

高血压导致的后负荷增加会造成等容收缩期延长。

②射血期。在等容收缩期末，随着心室肌的持续收缩，室内压升高到超过主动脉压时，血液冲开主动脉瓣，射入主动脉内，这一时期称为射血期，历时约 0.25 秒。在此期间心室容积缩小。

2）心室舒张期

心室舒张期分为等容舒张期和充盈期。

①等容舒张期。收缩期结束后，射血终止，心室开始舒张，使室内压迅速下降。当室内压低于主动脉压时，主动脉瓣关闭。但此时室内压仍高于房内压，房室瓣仍关闭。由于此时主动脉瓣和房室瓣均处于关闭状态，心室容积也无变化，故这一时期称为等容舒张期，历时约 0.07 秒。

②充盈期。随着心室继续舒张，至等容舒张期末，当室内压低于房内压时，房室瓣开启，心房内血液冲入心室，心室迅速充盈。房室瓣开放后，心室继续舒张，使室内压更低于房内压，心房和大静脉内的血液因心室“抽吸”而快速流入心室。在心室舒张的最后 0.1 秒，心房开始收缩，房内压升高。此时，房室瓣处于开放状态，心房将其内的血液进一步压入心室，使心室充盈度达最大值。上述时期称为充盈期，历时约 0.43 秒。

（3）心脏泵血功能的评价

1）每搏输出量和射血分数

一侧心室一次心脏搏动所射出的血液量称为每搏输出量，简称搏出量。正常成年人在安静状态下，左心室舒张末期容积约 125 mL，收缩末期容积约 55 mL，两者之差值即为搏出量，为 60 ~ 80 mL。可见，心室在每次射血时并未将心室内充盈的血液全部射出。搏出量占心室舒张末期容积的百分比称为射血分数。

2）每分输出量和心指数

一侧心室每分钟射出的血液量称为每分输出量，也称心输出量或心排血量。左右两侧心室的心输出量基本相等。心输出量等于心率与搏出量的乘积。心输出量与机体的新陈代谢水平相适应，可因性别、年龄及其他生理情况的不同而不同。如果心率为 75 次 / 分，搏出量为 70 mL，则心输出量约为 5 L/min。一般健康成年男性在安静状态下的心输出量为 4.5 ~ 6.0 L/min。女性的心输出量比同体重男性低 10% 左右。青年人的心输出量较老年人高。成年人在剧烈运动时，心输出量可高达 25 ~ 35 L/min，而在麻醉情况下可降到 2.5 L/min 左右。老年人心输出量平均比成年人少 30% ~ 40%。

对不同身材的个体检测心功能时，若用心输出量作为指标进行比较，是不全面的。因为身材矮小和身材高大的个体具有不同的氧耗量和能量代谢水平，心输出量也就不同。调查资料表明，人在安静时的心输出量和基础代谢率一样，并不与体重正相关，而是与体表面积正相关。以单位体表面积（m^2）计算的心输出量称为心指数。安静和空腹情况下测定的心指数称为静息心指数，可作为比较身材不同个体的心功能的评价指标。例如，中等身材的成年人体表面积为 1.6 ~ 1.7 m^2，在安静和空腹的情况下心输出量为 5 ~ 6 L/min，故静息心指数为 3.0 ~ 3.5 L/(min · m^2)。

在同一个体的不同年龄段或不同生理情况下，心指数也可发生变化。静息心指数随年龄增长而逐渐下降。运动时，心指数随运动强度的提高大致成比例地升高。在妊娠、情绪激动和进食时，心指数均有不同程度的升高。

（4）影响心输出量的因素

心输出量等于搏出量与心率的乘积，因此凡能影响搏出量和心率的因素均可影响心输出量。而搏出量的多少取决于心室肌的前负荷、后负荷和心肌收缩能力等因素。

1）搏出量

①前负荷。心室肌在收缩前所承受的负荷即前负荷。凡能影响心室舒张期充盈量的因素，都可通过心肌异长自身调节使搏出量发生改变。心室舒张末期充盈量是静脉回心血量和射血后心室内剩余血量之和。在多数情况下，静脉回心血量的多少是决定心室前负荷大小的主要因素。

②后负荷。心室收缩时，必须克服大动脉血压，才能将血液射入动脉内。因此，大动脉血压是心室收缩时所承受的后负荷。大动脉血压升高超过一定数值并长期持续时，心室肌长期加强收缩活动，心脏做功量增加而心脏效率降低，久之心肌逐渐变得肥厚，最终可能导致心脏泵血功能减退。例如，在高血压病引起心脏病变时，可先后出现左心室肥厚、扩张和左心衰竭。

2）心率

正常成年人在安静状态下，心率为 60 ~ 100 次 / 分，平均约 75 次 / 分。心率可随年龄、性别和不同生理状态而发生较大的变动。新生儿的心率较快；随着年龄的增长，心率逐渐减慢，至青春期接近成年人水平。成年女性的心率稍快于成年男性，经常进行体力劳动或体育运动的人平时心率较慢。同一个体，安静或睡眠时的心率较慢，而运动或情绪激动时心率加快。

5. 心音与心电图

（1）心音

在心动周期中，心肌收缩、瓣膜启闭、血液流速改变形成的湍流和血流会撞击心室壁和大动脉壁，引起振动。这些振动都可通过周围组织传递到胸壁，用听诊器便可在胸部某些部位听到相应的声音（即心音）。心音发生在心动周期的一些特定时期，其音调和持续时间也有一定的特征。正常人在一次心搏过程中可产生四个心音，即第一心音、第二心音、第三心音和第四心音。通常用听诊的方法只能听到第一心音和第二心音，某些青年人和健康儿童可听到第三心音，用心音图可记录到全部四个心音。

1）第一心音

第一心音标志着心室收缩的开始，在心尖搏动处（左第五肋间锁骨中线）听诊最为清楚。其特点是音调较低，持续时间较长。

2）第二心音

第二心音标志着心室舒张期的开始，在胸骨左右两旁第二肋间（即主动脉瓣和肺动脉瓣听诊区）听诊最为清楚。其特点是频率较高，持续时间较短。

3）第三心音

第三心音出现在心室快速充盈期末，是一种低频、低幅的振动。

4）第四心音

第四心音出现在心室舒张的晚期，是与心房收缩有关的一组发生在心室收缩期前的振动，也称心房音。正常心房收缩时一般不产生声音，但异常强烈的心房收缩和在左心室壁顺应性下降时，可产生第四心音。

心脏的某些异常活动可以产生杂音或其他异常的心音。因此，听心音或记录心音图对于心脏疾病的诊断具有重要意义。

（2）心电图

将测量电极置于体表的一定部位记录的心脏兴奋过程中所发生的有规律的变化曲线，称为心电图或体表心电图。心电图反映的是每个心动周期整个心脏兴奋产生、传播和恢复过程中的生物电变化，它与心脏的机械收缩活动无直接关系。心电图作为一种无创记录方法，在临床上被广泛用于心律失常和心肌损害等多种心脏疾病的诊断。

心电图用于检测心脏节律和传导的异常、心肌缺血和梗死、电解质紊乱等，非常重要，也能反映心脏的解剖位置、房室大小、正常或者异常的心脏动作电位传递过程，因而心电图是临床上极为有用的诊断手段之一。长时间（24 ~ 72 小时）动态心电图记录对诊断暂时性心律失常或心肌缺血等意义更大。心电图机操作也是照护者必须掌握的一项基本技能。

二、血管

遍布于人体各组织、器官的血管是一个连续且相对密闭的管道系统，包括动脉、毛细血管和静脉，它们与心脏一起构成心血管系统。血液由心房进入心室，再从心室泵出，依次流经动脉、毛细血管和静脉，然后返回心房，如此循环往复。静脉是运送血液回心脏的血管，起始于毛细血管，止于心房。在向心脏汇集的过程中，静脉接受各级属支，逐渐增粗。

心血管系统中互相串联起来的各类血管主要起着运输血液和交换物质的作用。

1. 动脉血压

动脉血压通常是指主动脉血压。动脉血压是人体的基本生命体征之一，也是临床医生评估患者病情轻重和危急程度的主要指标之一。动脉血压测量的方法主要有直接测量法和间接测量法两种。目前临床上常用的是无创、简便的间接测量法。由于大动脉中的血压落差很小，故通常用上臂测得的肱动脉血压代表动脉血压。

（1）动脉血压的正常值

动脉血压可用收缩压、舒张压、脉搏压和平均动脉压等数值来表示。收缩压是指心室收缩期中期动脉血压达到最高值时的血压。舒张压是指心室舒张期末期动脉血压达到最低值时的血压。脉搏压简称脉压，是指收缩压和舒张压的差值。平均动脉压则为一个心动周期中每一瞬间动脉血压的平均值。由于心动周期中舒张期较长，所以平均动脉压更接近舒张压，其精确数值可通过血压曲线面积的积分来计算，而粗略估算则约等于舒张压加 1/3 脉压。在安静状态下，我国健康青年人的收缩压为 100 ~ 120 mmHg，舒张压为 60 ~ 80 mmHg，脉压为 30 ~ 40 mmHg。

动脉血压存在个体、年龄和性别差异。随着年龄的增长，血压呈逐渐升高的趋势，且收缩压升高比舒张压升高更为显著。

此外，正常人血压还存在昼夜波动的规律。大多数人的血压在凌晨 2—3 时最低，上午 6—10 时及下午 4—8 时各有一个高峰，从晚上 8 时起呈缓慢下降趋势，表现为“双峰双谷”的现象。这种现象在老年人和高血压患者中更为显著。根据血压的昼夜波动规律，临床上测血压应选择高峰时为宜，这对于制定高血压患者的给药方案有一定的指导意义。

（2）高血压

高血压是以体循环动脉血压增高为主要表现的临床综合征，为最常见的心血管疾病。血压水平定义与分级见表 6-2-1。

表 6-2-1 血压水平定义与分级

类型	收缩压（mmHg）	/	舒张压（mmHg）
正常血压	＜ 120	和	＜ 80
正常高值血压	120 ～ 139	和（或）	80 ～ 89
高血压	≥ 140	和（或）	≥ 90
1 级高血压（轻度）	140 ～ 159	和（或）	90 ～ 99
2 级高血压（中度）	160 ～ 179	和（或）	100 ～ 109
3 级高血压（重度）	≥ 180	和（或）	≥ 110
单纯收缩期高血压	≥ 140	和	＜ 90

（3）影响动脉血压的因素

在生理情况下，动脉血压的变化是心脏每搏输出量、心率、外周阻力、主动脉和大动脉的弹性贮器作用、循环血量与血管系统容量的匹配情况等多种因素综合作用的结果。老年人动脉管壁硬化，管壁弹性纤维减少而胶原纤维增多，导致血管可扩张性降低，大动脉的弹性贮器作用减弱，对血压的缓冲作用减弱，因而收缩压增高，舒张压降低，结果使脉压明显加大。

情景提示

高血压患者控制血压对于延缓并发症十分重要，除规律用药外还要采取减轻体重、减少钠盐摄入、减少脂肪摄入、限制饮酒、增加运动、维持情绪稳定等健康生活方式加以辅助治疗，这些也是杨某日常需要注意的问题。

2. 动脉脉搏

心脏的舒张和收缩活动导致动脉血压发生周期性变化，这种变化引起的动脉管壁搏动称为动脉脉搏，简称脉搏。脉搏波可沿动脉管壁传播，手术暴露动脉可直接看到动脉随心跳而搏动，用手指也可触到浅表动脉的搏动。脉搏的传导速度要比血流速度快得多。脉搏传导速度与动脉管壁的弹性有关，管壁的顺应性越强（弹性越好），则脉搏传导速度越慢。

3. 静脉血压

静脉是血液回流入心脏的通道，相当于血液储存库。因其易被扩张且容量大，故称为容量血管。静脉的收缩和舒张可有效地调节回心血量和心输出量，以适应机体在不同生理条件下的需要。静脉血压分为中心静脉压和外周静脉压。

（1）中心静脉压

右心房和胸腔内大静脉的血压称为中心静脉压，其正常值为 0.4 ～ 1.2 kPa（4 ～ 12 cmH_2O）。中心静脉压的高低取决于心脏射血能力和静脉回心血量之间的相互关系。心脏射血能力较强，能及时将回流入心脏的血液射入动脉，则中心静脉压较低；反之，心脏射血能力较弱，不能及时将回流入心脏的血液射入动脉，则中心静脉压较高。临床上采取输液手段治疗休克时，除观察动脉血压变化外，也要观察中心静脉压的变化。如果中心静脉压偏低或有下降趋势，常提示输液量不足；如果中心静脉压高于正常水平并有进行性升高的趋势，则提示输液过快或心脏射血功能不全。

（2）外周静脉压

各器官的静脉压称为外周静脉压。当心脏射血功能减弱（如右心衰竭）使中心静脉压升高时，静脉回流将会减慢，较多的血液滞留在外周静脉内，使外周静脉压升高。故外周静脉压也可反映心脏的功能状态。

4. 微循环

微动脉和微静脉之间的血液循环称为微循环。作为机体与外界环境进行物质和气体交换的场所，微循环对维持组织细胞的新陈代谢和内环境稳态起着重要作用。物质交换是微循环的基本功能。组织细胞通过细胞膜与组织液发生物质交换，而组织液和血液之间则通过毛细血管壁进行物质交换。扩散是血液和组织液之间进行物质交换最重要的方式。滤过和重吸收虽在物质交换中仅占很小一部分，但对组织液的生成具有重要作用。微循环组成模式如图 6-2-10 所示。

三、心血管活动的调节

心血管活动的调节包括神经调节、体液调节和自身调节，它不仅能保持正常心率、心输出量、动脉血压和各组织器官血流量等的相对稳定，而且还能在机体内外环境变化时做出相应的调整，使心血管活动能适应代谢活动改变的需要。

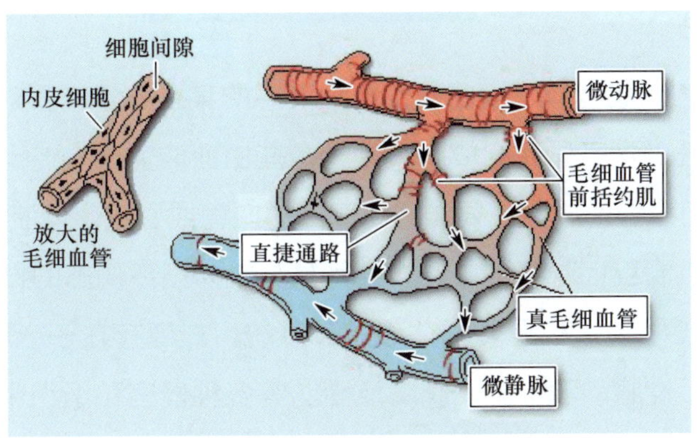

图 6-2-10 微循环组成模式

1. 神经调节

心血管活动受自主神经系统的调控，副交感神经系统主要调节心脏活动，而交感神经系统对心脏和血管的活动都有重要的调节作用。当机体生理状态或内外环境发生变化时，神经系统对心血管活动的调节是通过各种心血管反射实现的，它使心血管活动发生相应改变，以适应机体当时所处状态或环境的变化。

知识补给站

老年人的心脏

老年人的心肌、心脏瓣膜、主动脉与心脏传导系统都由于衰老而发生退行性改变，所以其心脏的泵血功能较差，排血量减少。同时，心脏的储备功能也相当差，在一般情况下尚可维持，遇到某些变化（如感染、出血、过度劳累、受到精神创伤等）时，就会不胜负担而出现心衰等危象。所以有些老年人平时并无心脏病史，却因心脏病而去世。

老年人的心脏瓣膜及瓣膜环也可发生纤维钙化，使这些心脏内的“门”失去弹性，不易关紧，造成心脏收缩时有血液返流，从而加重心脏负担。老年人的主动脉可发生纤维钙化，弹性降低，这是许多老年人仅有收缩压升高而舒张压正常的原因。

老年人的心脏传导系统也可发生退行性改变，从而引起心动过缓，或出现心房颤动与阵发性心动过速。后两者常是反复发作，并与心动过缓交替出现。

老年人的植物神经功能也不稳定，对心血管的调节较差，所以老年人在突然起立时，易发生直立性低血压，使脑血液供应不足而发生晕厥。

2. 体液调节

心血管活动的体液调节是指血液和组织液中的某些化学物质对心肌和血管平滑肌活动的调节过程。众多体液组成要素中，有些由血液输送，广泛作用于心血管系统；有些在局部组织中形成，主要作用于局部的血管或心肌。体液调节与神经调节、自身调节等调节机制互相联系与协调，共同参与机体循环稳态的维持。肾素－血管紧张素系统（RAS）是人体重要的体液调节系统，广泛存在于心肌、血管平滑肌、骨骼肌、脑、肾、性腺、颌下腺、胰腺及脂肪等多种器官和组织中，共同参与对靶器官的调节，对血压的调节以及心血管系统的正常发育、心血管功能的稳态、电解质和体液平衡的维持等均具有重要生理作用。

高血压患者肾素－血管紧张素功能亢进，会导致血压持续升高。杨某服用的药物卡托普利就是通过抑制肾素－血管紧张素系统来发挥降压作用的。

课题三
淋 巴 系 统

学习目标

- 掌握淋巴结的分布及功能。
- 了解胸腺和脾的位置及功能。

淋巴系统由淋巴管、淋巴组织和淋巴器官组成。人体淋巴管及淋巴结如图 6-3-1 所示。淋巴管和淋巴结的淋巴窦内含有淋巴。淋巴系统是心血管系统的辅助系统，其功能是协助静脉引流组织液。同时，淋巴器官和淋巴组织可以产生淋巴细胞，过滤淋巴，进行免疫应答。淋巴器官包括淋巴结、胸腺、脾和扁桃体。

一、淋巴结

淋巴结为大小不一的圆形或椭圆形灰红色小体，如图 6-3-2 所示。其一侧隆凸，另一侧凹陷，凹陷中央处为淋巴结门。淋巴结凸侧连有数条输入淋巴管，淋巴结门有输出淋巴管、神经和血管出入。一个淋巴结的输出淋巴管可成为另一个淋巴结的输入淋巴管。

淋巴结多成群分布，数目不恒定，青年人有淋巴结 400 ~ 450 个。淋巴结按位置不同分为浅淋巴结和深淋巴结，浅淋巴结位于浅筋膜内，深淋巴结位于深筋膜深面。淋巴结多沿血管排列，位于关节屈侧和体腔的隐藏部位，如肘窝、腋窝、腘窝、腹股沟和体腔大血管附近。淋巴结多为 0.2 ~ 0.5 cm 大小，不易触及。可触到的淋巴结（如腹股沟浅淋巴结）质地柔软，表面光滑，与周围组织无粘连。

淋巴结的主要功能是滤过淋巴，产生淋巴细胞，进行免疫应答。淋巴结内的淋巴窦是淋巴管道的一个组成部分，故淋巴结对于淋巴引流起着重要作用。

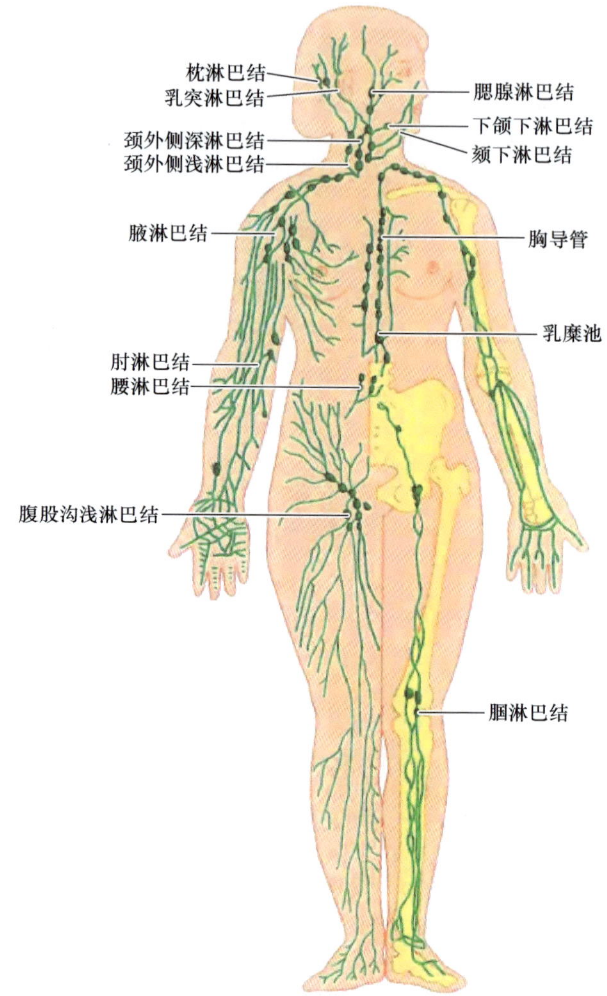

图 6-3-1 人体淋巴管及淋巴结

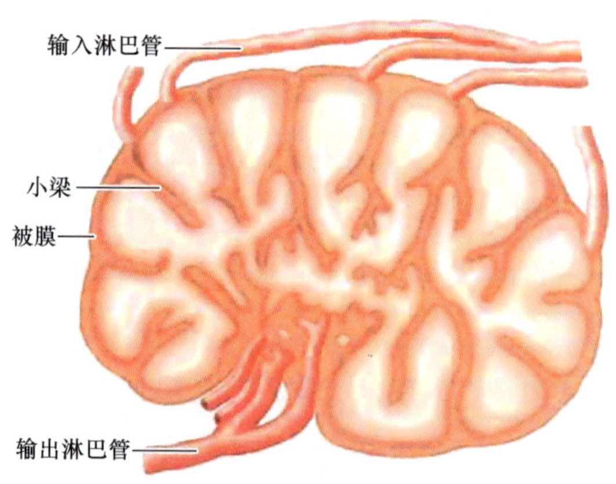

图 6-3-2 淋巴结

二、胸腺

胸腺位于上纵隔前部、胸骨柄后方，呈扁带状，分为不对称的左右两叶。胸腺有明显的年龄变化。新生儿胸腺的体积相对较大，为灰红色。胸腺随年龄增长，至青春期发育到顶点，重达 25 ~ 40 g。此后，胸腺逐渐退化，绝大部分被脂肪组织代替。胸腺不仅是一个淋巴器官，还有内分泌功能，可分泌胸腺素，使骨髓的淋巴细胞转化成 T 淋巴细胞，并促进 T 淋巴细胞成熟和提高其免疫能力。

三、脾

脾是人体最大的淋巴器官，具有储血、造血、清除衰老红细胞和进行免疫应答的功能。

脾位于左季肋部，胃底与膈之间，第 9 ~ 11 肋的深面。其长轴与第 10 肋一致，正常时在左肋弓下触不到脾。脾的位置可随呼吸和因体位不同而变化，人站立时的脾比平卧时的脾低 2.5 cm。脾上缘较锐，下部有 2 ~ 3 个切迹，称为脾切迹。脾肿大可作为触诊脾的标志。

脾的主要功能是参与身体免疫反应。人的胚胎时期，脾能产生各种血细胞。人出生后，在正常情况下，脾仅产生淋巴细胞。脾还可储存血液，必要时可将其输入血液循环。

思考与练习

1. 根据所学循环系统知识向情景引入中的杨某解释什么是血压，影响血压的因素有哪些，以及高血压对患者的脏器会造成哪些影响。

2. 体循环及肺循环的路径是什么？

3. 绘制并描述心脏的解剖结构。

4. 心血管活动是怎样调节的？

5. 淋巴结、胸腺和脾的功能各是什么？

模块七

血　　液

血液是一种流体组织，在心血管系统内循环流动，起着运输物质的作用。一方面，血液将从肺获取的氧和从肠道吸收的营养物质运送到各器官、组织和细胞，将内分泌腺产生的激素运送到相应的靶细胞；另一方面，血液又将细胞代谢产生的二氧化碳运送到肺，将其他代谢终产物运送到肾脏等器官而排出体外。血液还具有缓冲功能，它含有多种缓冲物质，可缓冲进入血液的酸性或碱性物质引起的血浆 pH 变化。血液中的水比热容较大，有利于运送热量，参与维持体温的相对恒定。因此，血液在维持机体内环境稳态中起着非常重要的作用。此外，血液还具有重要的防御和保护功能，参与机体的生理性止血，抵御细菌、病毒等微生物引起的感染，参与各种免疫反应。

情景引入

患者林某，女，70 岁，入住养老院半年有余。林某最近几周出现疲劳、乏力、头晕、食欲下降、皮肤干燥等症状。经全面检查，其血红蛋白浓度为 100 g/L。养老院遂给予调节饮食、观察症状的处理。

问题：

1. 红细胞中血红蛋白的功能是什么？
2. 血红蛋白减少与贫血症状的关系是什么？

课题一
血液的成分

学习目标

- 了解血浆及血浆蛋白。
- 掌握红细胞、白细胞和血小板的数量、形态和生理功能。
- 熟悉血液的理化特性。

血液是结缔组织的一种，主要成分为血浆、血细胞和遗传物质（染色体和基因）。血细胞包括红细胞、白细胞和血小板。血浆中溶解有多种化学物质。按体积计算，血浆占血液的 55%，其中包括水（占 91%）、蛋白质（占 7%）、脂肪（占 1%）、糖（占 0.1%）、无机盐（占 0.9%）和代谢产物（尿素、肌酐、尿酸等）。

一、血浆

血浆是一种晶体物质溶液，包括水和溶解于其中的多种电解质、小分子有机化合物和一些气体。血浆中含多种蛋白，它们统称为血浆蛋白。血浆蛋白分为白蛋白、球蛋白和纤维蛋白原三类。

二、血细胞

血细胞可分为红细胞、白细胞和血小板三类，如图 7-1-1 所示。其中红细胞的数量最多，约占血细胞总数的 99%，白细胞数量最少。

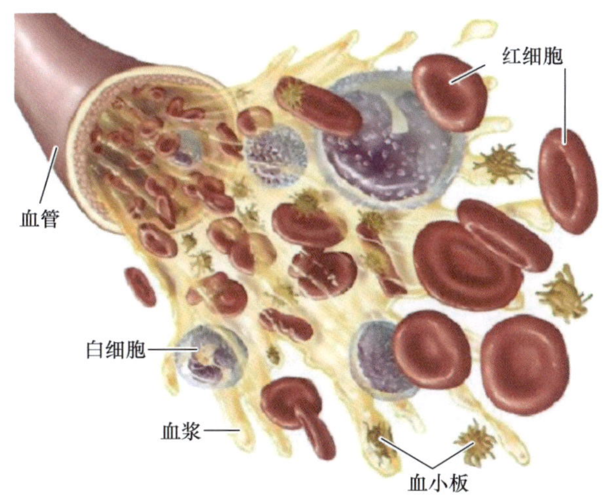

图 7–1–1 血细胞

1. 红细胞

（1）红细胞的数量和形态

我国成年男性每升血液中红细胞的数量为 $4.0 \times 10^{12} \sim 5.5 \times 10^{12}$ 个，成年女性为 $3.5 \times 10^{12} \sim 5.0 \times 10^{12}$ 个。红细胞内的蛋白质主要是血红蛋白，我国成年男性血红蛋白浓度为 120 ~ 160 g/L，成年女性为 110 ~ 150 g/L。正常人的红细胞数量和血红蛋白浓度不仅有性别差异，还可因年龄、生活环境和机体功能状态不同而存在差异。人体外周血红细胞数量、血红蛋白浓度低于正常的称为贫血。

正常的成熟红细胞无核，直径只有 7 ~ 8 μm，形如圆盘，中间下凹，边缘较厚，呈圆饼状。

知识补给站

血 红 蛋 白

血红蛋白是红细胞内运输氧的特殊蛋白质，是使血液呈红色的蛋白，由珠蛋白和血红素组成。其正常参考值为：成年男性 120 ~ 160 g/L，成年女性 110 ~ 150 g/L，新生儿 170 ~ 200 g/L，青少年（儿童）110 ~ 160 g/L。根据血红蛋白减少的程度，贫血可分为四级，即轻度（血红蛋白浓度大于 90 g/L）、中度（血红蛋白浓度为 60 ~ 90 g/L）、重度（血红蛋白浓度为 30 ~ 60 g/L）、极重度（血红蛋白浓度小于 30 g/L）。贫血还可分为生理性贫血和病理性贫血。

1. 生理性贫血

人在出生 3 个月以后至 15 岁以前，因生长发育迅速而致造血原料相对不足，其红细胞数量和血红蛋白浓度可较正常人低 10% ~ 20%。孕妇妊娠中期、后期由于血容量增加造成血液稀释，老年人骨髓造血功能逐渐减弱，均可导致红细胞和血红蛋白含量减少。

2. 病理性贫血

（1）红细胞生成减少所致的贫血

一是骨髓造血功能衰竭，如再生障碍性贫血、骨髓纤维化等疾病伴发的贫血。

二是因造血物质缺乏或利用障碍引起的贫血，如缺铁性贫血、铁粒幼细胞贫血、叶酸及维生素 B_{12} 缺乏所致的巨幼红细胞贫血。

（2）红细胞被破坏过多所致的贫血

红细胞膜、红细胞酶遗传性的缺陷或外部因素会造成红细胞被破坏过多，导致贫血，如遗传性球形红细胞增多症、地中海贫血、阵发性睡眠性血红蛋白尿、异常血红蛋白病、免疫性溶血性贫血及一些化学、生物因素等引起的溶血性贫血。

情景提示

林某的血红蛋白浓度为 100 g/L，低于正常范围，这是贫血诊断的重要依据。血红蛋白是红细胞内的主要蛋白质，所以血红蛋白的减少势必会影响红细胞的功能，导致相关的症状。

（2）红细胞的生理功能

红细胞的主要功能是运输氧和二氧化碳。血液中 98.5% 的氧是以与血红蛋白结合成氧合血红蛋白的形式存在的。此外，红细胞还参与对血液中酸性、碱性物质的缓冲及免疫复合物的清除。

知识补给站

当红细胞内的血红蛋白减少时，机体的组织和器官得不到充足的氧和营养供应，会导致人出现乏力、眩晕、食欲减退等症状。

2. 白细胞

（1）白细胞的数量和形态

白细胞为无色、有核的细胞，在血液中一般呈球形。白细胞可分为中性粒细胞、嗜酸性粒细胞、嗜碱性粒细胞、单核细胞和淋巴细胞五类，如图 7-1-2 所示。前三者因其细胞质中含有染色颗粒，故统称为粒细胞。正常成年人每升血液中白细胞数为 4.0×10^9 ~ 10.0×10^9 个，其中中性粒细胞占 50% ~ 70%，嗜酸性粒细胞占 0.5% ~ 5%，嗜碱性粒细胞占 0 ~ 1%，单核细胞占 3% ~ 8%，淋巴细胞占 20% ~ 40%。男女白细胞数量无明显差异。

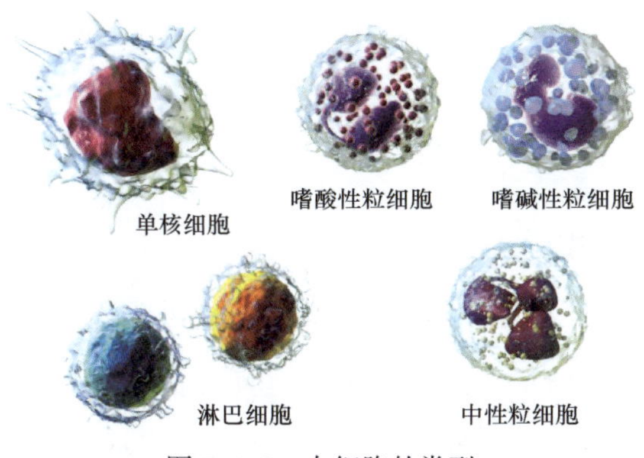

图 7-1-2　白细胞的类型

正常人血液中白细胞的数量可因年龄和机体的不同功能状态而发生变化。新生儿白细胞数较多，一般每升血液中有 15×10^9 个左右，婴儿期维持在 10×10^9 个左右。

（2）白细胞的生理功能

1）中性粒细胞

中性粒细胞是数量最多的白细胞，它的变形游走能力和吞噬活性都很强，其吞噬对象主要是细菌，也包括异物。当细菌入侵时，中性粒细胞在炎症区域产生的趋化因子作用下，自毛细血管渗出而被吸引到病变部位吞噬细菌。

2）嗜酸性粒细胞

嗜酸性粒细胞基本上无杀菌作用。其作用是限制嗜碱性粒细胞和肥大细胞在Ⅰ型超敏反应中的作用，以及参与对蠕虫的免疫反应。

3）嗜碱性粒细胞

嗜碱性粒细胞数量最少，它释放肝素、组胺、白三烯等，可引起荨麻疹、哮喘等Ⅰ型超敏反应。

4）单核细胞

血液中的单核细胞进入组织中会继续发育成巨噬细胞，它游走速度慢但具有比中性粒细胞更强的吞噬能力。其发育形成的树突状细胞是目前所知的抗原呈递能力最强的细胞。

5）淋巴细胞

淋巴细胞是主要的免疫细胞，包括B淋巴细胞、T淋巴细胞和自然杀伤细胞（NK细胞）。T淋巴细胞参与细胞免疫，B淋巴细胞参与体液免疫，自然杀伤细胞能杀伤肿瘤细胞和被病毒及细胞内病原体感染的靶细胞。

3. 血小板

（1）血小板的数量和形态

血小板的体积小，无细胞核，呈双面微凸的圆盘状，直径为2～3 μm。当血小板与玻片接触或受刺激时，可伸出伪足而呈不规则形状。正常成年人每升血液中的血小板数量为100×10^9～300×10^9个。正常人血小板计数可有6%～10%的变动范围，通常午后较清晨多，冬季较春季多，剧烈运动后和妊娠中期、晚期增多，静脉血的血小板数量较毛细血管血液的血小板数量多。

（2）血小板的生理功能

血小板有助于维持血管壁的完整性。血小板还可释放具有稳定内皮屏障功能的物质和生长因子，有利于受损血管的修复。循环中的血小板一般处于“静止”状态，当血管损伤时，血小板可被激活而在生理止血过程中起重要作用。

三、血液的理化特性

由于人体的血液有动脉血和静脉血两种，所以血液的红色也有一定的区别。动脉血由于含氧量较多，所以血液呈现鲜红色；静脉血由于含氧量较少，所以血液呈现暗红色。贫血的病人由于血红蛋白浓度降低，所以血的颜色呈淡红色。贫血程度越重，血液颜色越浅。

课题二
血型和输血

学习目标

- ◆ 掌握 ABO 血型系统和 Rh 血型系统。
- ◆ 了解输血原则。

一、血型

血型通常是指红细胞膜上特异性抗原的类型。若将血型不相容的两个人的血液滴加在玻片上并使之混合，则红细胞可凝集成簇，这一现象称为红细胞凝集。凝集的红细胞在补体的作用下破裂，便会发生溶血。当给人体输入血型不相容的血液时，在血管内可发生红细胞凝集和溶血反应，甚至危及生命。因此，血型鉴定是安全输血的前提。由于血型是由遗传因素决定的，所以血型鉴定对法医学和人类学的研究也具有重要的价值。

1. ABO 血型系统

根据红细胞膜上是否存在 A 抗原和 B 抗原，可将血液分为四种 ABO 血型。红细胞膜上只含 A 抗原者为 A 型，只含 B 抗原者为 B 型，含有 A 与 B 两种抗原者为 AB 型，A 和 B 两种抗原均无者为 O 型。不同血型的人血清中含有不同的抗体，但不会含有与自身红细胞抗原相对应的抗体。A 型血者的血清中只含有抗 B 抗体，B 型血者的血清中只含有抗 A 抗体，AB 型血者的血清中没有抗 A 和抗 B 抗体，而 O 型血者的血清中则含有抗 A 和抗 B 两种抗体。ABO 血型系统还有几种亚型，其中最为重要的是 A 型中的 A_1 和 A_2 亚型。AB 型血型中也有 A_1B 和 A_2B 两种主要亚型。血型系统的抗原和抗体见表 7-2-1。

表 7-2-1　　血型系统的抗原和抗体

血型		红细胞膜上的抗原	血清中的抗体
A 型	A_1	$A+A_1$	抗 B
	A_2	A	抗 B + 抗 A_1
B 型	—	B	抗 A
AB 型	A_1B	$A+A_1+B$	无
	A_2B	A+B	抗 A_1
O 型	—	无 A，无 B	抗 A+ 抗 B

2. Rh 血型系统

凡是血液红细胞膜上有 D 抗原（Rh 抗原的一种）的称为 Rh 阳性。这样就使 A，B，O 及 AB 四种主要血型又都分别被划分为 Rh 阳性和 Rh 阴性两种。

人的血清中不存在抗 Rh 的天然抗体，只有当 Rh 阴性者在接受 Rh 阳性者的血液后，才会通过体液性免疫产生抗 Rh 的免疫性抗体。输血后 2 ~ 4 个月时，其血清中抗 Rh 抗体的水平达到高峰。因此，Rh 阴性的受血者在第一次输入 Rh 阳性血液后，一般不产生明显的输血反应。但在第二次或多次输入 Rh 阳性的血液时，会发生抗原 - 抗体反应，输入的 Rh 阳性血液的红细胞将被破坏，从而发生溶血。

知识补给站

亲子鉴定

亲子鉴定是指运用生物学、遗传学及有关学科的理论和技术，根据遗传性状在子代和亲代之间的遗传规律，判断父母和子女之间是否存在亲生关系的鉴定。

亲子鉴定主要以人的血型和血型以外的单纯遗传性状的遗传规律为基础。遗传性状是由位于细胞核内染色体上的基因所控制的，并通过亲代与子代间基因的传递将亲代的个体特征遗传给子代。基因的传递遵循一定的规律。

在亲子鉴定中最常用的方法是血型检验，所有的血型系统（红细胞血型、白细胞血型、血清型、红细胞酶型）都是按照孟德尔遗传规律由亲代传给子代的，都可以作为亲子鉴定的依据。然而血型鉴定的结果只能作为否定亲生关系的依据，而不能作为肯定亲生关系的依据。血型以外的遗传性状，如指纹、外貌特征，以及妊娠期限、生育性交能力等的鉴定只能作为亲子鉴定的参考。

二、血量和输血原则

1. 血量

血量是指全身血液的总量。全身血液大部分在心血管系统中快速循环流动，称为循环血量；小部分血液滞留在肝、肺、腹腔静脉和皮下静脉丛内，流动很慢，称为储存血量。在运动或大出血等情况下，储存血量可被动员释放出来，以补充循环血量。正常成年人的血液总量相当于体重的 7% ~ 8%。

2. 输血原则

输血已成为治疗某些疾病、抢救伤员生命和保证一些手术得以顺利进行的重要手段。但若输血不当或发生差错，就会对患者造成严重的伤害，甚至引起死亡。

在准备输血时，首先必须鉴定血型，保证供血者与受血者的 ABO 血型相合。对于生育年龄的妇女和需要反复输血的患者，还必须使供血者与受血者的 Rh 血型相合，特别要注意 Rh 阴性受血者产生抗 Rh 抗体的情况。

输血最好坚持同型输血。即使在 ABO 血型相同的人之间进行输血，输血前也必须进行交叉配血试验。这样既可检验血型鉴定是否有误，又能发现供血者和受血者的红细胞或血清中是否还存在其他不相容的血型抗原或血型抗体。

紧急情况下可输入 200 mL 交叉配血试验结果显示基本相合的血液，但血清中抗体效价不能太高，输血速度也不宜太快。同时，在输血过程中应密切观察受血者的情况，如发生输血反应，必须立即停止输血。

思考与练习

1. 列举血细胞的主要类型，说明成年人血细胞数量的正常范围。
2. 红细胞的生理功能是什么？
3. 绘制几种常见的白细胞图形，并标注其各自的生理功能。
4. 各级贫血的划分标准是什么？
5. 结合所学知识制定贫血患者食谱，并针对本课题情景引入中的患者状况列举相应的健康教育内容。

模块八
内分泌系统

内分泌系统由内分泌腺和内分泌组织组成，是机体的调节系统。它与神经系统和免疫系统的调节功能相辅相成，共同调节和维持机体的内环境稳态，调节机体的生长发育和各种代谢活动，并调控生殖，影响各种行为。

情景引入

患者李某，男，20岁，10天前由于低血糖被收入院，确诊为Ⅰ型糖尿病，经治疗后出院。由于他缺乏糖尿病知识，又来日间照护中心寻求相关帮助。他告知照护人员，自己每天都遵照医嘱注射胰岛素，其中早餐前6个单位，午餐前8个单位，晚餐前4个单位，但是运动后有时候会出现心慌并有饥饿感，进食后缓解。

问题：

1. 胰岛素的作用是什么？
2. 如何对糖尿病患者进行疾病管理的指导？

课题一
内分泌系统的组成与功能

学习目标

- 掌握内分泌系统的组成与功能。
- 了解激素的定义、分类及其作用的一般特征。

一、内分泌系统的组成

内分泌系统是由人体内分泌腺（如下丘脑、垂体、甲状腺、甲状旁腺、肾上腺、性腺、胰岛等）及一些具有内分泌功能的脏器、组织及细胞所组成的一个体液调节系统，如图 8-1-1 所示。内分泌系统主要通过它所分泌的激素作用于局部或邻近的组织、体腔或经血液循环作用于远端靶器官，对人体生长、发育、生殖、代谢、运动、衰老等生命现象及脏器功能进行调节，以维持人体内环境的相对平衡和稳定。

二、内分泌系统的功能

内分泌系统通过激素发挥调节作用，其功能可归纳为以下几个方面：

1. 维持机体稳态

激素参与调节水、电解质和酸碱平衡以及维持体温和血压相对稳定，还直接参与应激等。它与神经系统、免疫系统协调、互补，全面调节机体功能，适应环境变化。

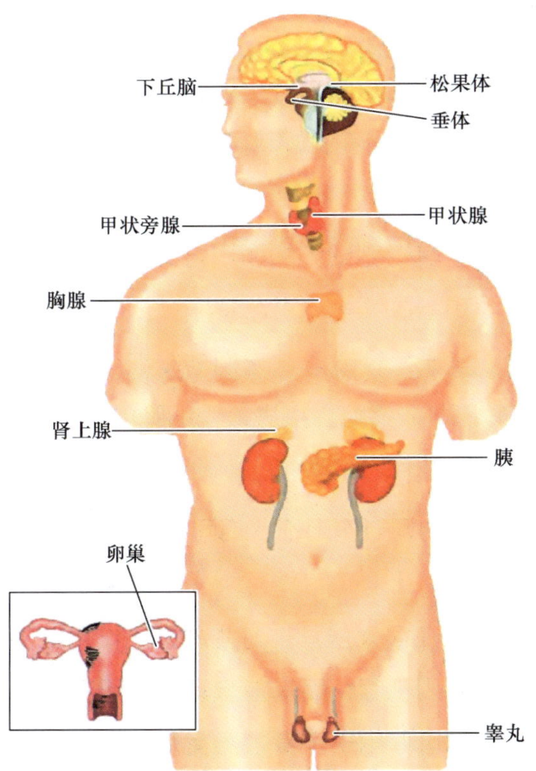

图 8-1-1　内分泌系统

2. 调节新陈代谢

多数激素都参与调节组织细胞的物质中间代谢和能量代谢，维持机体的营养和能量平衡，为机体的各种生理活动奠定基础。

3. 促进生长发育

激素能够促进全身组织细胞的生长、增殖和分化，参与细胞凋亡过程，调节各器官的正常生长发育和功能性活动。

4. 调节生殖过程

激素能够促进生殖器官正常发育、成熟和生殖，维持生殖细胞的生成，直到妊娠和哺乳过程，以保证个体和种系的繁衍。

内分泌系统不仅独立地发挥自己的功能，也与神经系统和免疫系统相互作用，构成复杂的神经－内分泌－免疫调节网络，共同发挥整体性调节功能，以保持机体内环境的稳态。

三、激素

激素是由内分泌腺或器官组织的内分泌细胞所合成和分泌的高效能生物活性物质。它以体液为媒介，在细胞之间传递调节信息。

1. 激素的分类

激素的化学性质决定了其对靶细胞的作用方式。根据激素的化学结构不同，可将其分为胺类激素、肽类和蛋白质类激素以及脂类激素。肽类和蛋白质类激素以及大多数胺类激素属于含氮类亲水性激素，它们与靶细胞膜受体结合，对靶细胞发挥调节作用；类固醇激素等脂类激素可直接进入靶细胞内发挥作用。

2. 激素作用的一般特征

虽然各种激素对靶细胞的调节作用不尽相同，但会表现出一些共同的特征。

（1）具有相对特异性

各种激素的作用范围存在很大差异。有些激素的作用范围非常局限，如腺垂体分泌的促激素主要作用于外周靶腺；而有些激素的作用范围却极为广泛，如生长激素、甲状腺激素和胰岛素等可作用于全身各器官及组织。这取决于激素受体的分布范围。

（2）仅起信使作用

激素是一种信使物质，它携带某种特定含义的信息，仅起传递某种信息的作用。由内分泌细胞发布的调节信息通过激素传递给靶细胞，其作用在于启动靶细胞固有的、内在的一系列生物效应。激素并不作为底物或产物直接参与细胞的物质与能量代谢反应过程。

（3）十分高效

在生理状态下，激素在血液中的浓度很低。激素与受体结合后，引发细胞内的信号转导程序，经逐级放大后可产生效能极高的效应。因此，体液中激素含量虽低，但其作用十分强大。例如，1 mol 肾上腺素可引起肝糖原分解，生成 10^8 mol 葡萄糖，其生物效应约放大 1 亿倍。

（4）相互作用

内分泌腺体和分泌激素的细胞遍布于全身，各种激素又都以体液为媒介传递信息，所产生的效应总会相互影响、彼此关联。

3. 常见的内分泌激素及其作用

（1）生长激素

生长激素由腺垂体分泌，可刺激骨及身体组织的生长。

（2）甲状腺激素

甲状腺激素由甲状腺分泌，主要调节热能代谢，同时促进糖、蛋白质、脂肪代谢，促进生长发育。

（3）皮质醇

皮质醇由肾上腺皮质分泌，参与物质代谢、抑制免疫功能、抗过敏、抗炎、抗毒素等。

（4）醛固酮

醛固酮由肾上腺皮质分泌，可调节远端肾小管电解质含量，维持有效血量。

（5）胰岛素

胰岛素由胰岛分泌，可促进葡萄糖的利用和转化，使血糖下降。

知识补给站

催　产　素

哺乳期的妇女见到自己的婴儿、抚摸婴儿或听到婴儿的哭声等，即可分泌乳汁。这是催产素能刺激腺垂体分泌催乳素的生理效应。在哺乳过程中，催产素的释放增加对加速产后子宫复原也有一定的作用。所以母乳喂养对保护母婴健康有着积极的意义。

课题二
甲 状 腺

学习目标

◆ 掌握甲状腺的结构。
◆ 了解甲状腺激素的合成与代谢。
◆ 了解甲状腺激素的生理作用。

一、甲状腺的结构

甲状腺是人体最大的内分泌腺，为红褐色腺体，呈 H 形，由左、右侧叶和中间的甲状腺峡组成，如图 8-2-1 所示。成年男性甲状腺平均重量为 26.71 g，女性为 25.34 g。甲状腺侧叶位于喉下部和气管颈部的前外侧。甲状腺激素由滤泡上皮细

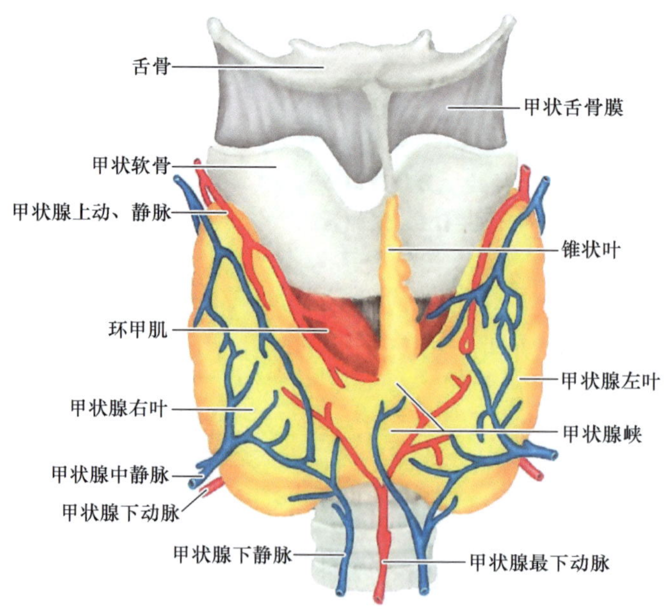

图 8-2-1 甲状腺

胞合成，并以胶质形式储存于滤泡腔中。甲状腺是唯一能将生成的激素大量储存于细胞外的内分泌腺。甲状腺激素能广泛调节机体生长发育、新陈代谢等多种功能性活动。

二、甲状腺激素的合成与代谢

碘和甲状腺球蛋白是甲状腺激素合成的必需原料。甲状腺过氧化物酶是其合成的关键酶。甲状腺滤泡上皮细胞是合成和分泌甲状腺激素的功能单位，并受促甲状腺激素的调控。

1. 碘

人体合成甲状腺激素所需的碘有 80% ~ 90% 来自食物中的碘化物，主要是碘化钠和碘化钾，其余来自饮水和空气。碘在人体内的含量为 20 ~ 50 mg，其中绝大部分存在于甲状腺中。碘与甲状腺疾病关系密切，碘缺乏和碘超量均可导致甲状腺疾病。胎儿期及出生后 0 ~ 2 岁碘缺乏会导致胎儿发育不良、流产、早产、死胎、畸形等，严重的可造成出生后体格发育落后、智力低下（克汀病）。成年人长期碘缺乏会引起单纯性甲状腺肿、甲状腺结节等。碘超量也可引起甲状腺炎、甲状腺功能亢进等甲状腺疾病。

2. 甲状腺球蛋白

甲状腺球蛋白是由甲状腺滤泡上皮细胞合成与分泌的糖蛋白，甲状腺球蛋白的合成是在甲状腺球蛋白分子上进行的。

3. 甲状腺过氧化物酶

甲状腺过氧化物酶是由甲状腺滤泡上皮细胞合成的。抗甲状腺的硫脲类药物都可以抑制甲状腺过氧化物酶活性，从而抑制甲状腺激素的合成，故临床上常用于治疗甲状腺功能亢进。

三、甲状腺激素的生理作用

甲状腺激素的生理作用主要有以下三个方面：

1. 对代谢的作用

（1）增强能量代谢

甲状腺激素能使全身绝大多数组织的基础氧耗量增加，产热量增加。正常人的基础代谢率在 ±15% 范围内。当甲状腺功能亢进时，产热量增加，基础代谢率可比正常值高出 25% ~ 80%，患者喜凉怕热、多汗、体重下降；甲状腺功能减退时，产热量减少，基础代谢率降低，患者喜热恶寒、体重增加。因此，测定基础代谢率有助于诊断甲状腺功能的异常。

（2）调节物质代谢

甲状腺激素广泛影响人体内物质的合成代谢和分解代谢，而且对代谢的影响也十分复杂，常表现为双向作用。甲状腺激素主要调节糖代谢、脂肪代谢、蛋白质代谢、维生素代谢等。

2. 对生长发育的作用

胚胎期及幼儿期如果缺乏甲状腺激素，可导致不可逆的神经系统发育障碍，以及骨骼生长、发育与成熟的延迟或停滞，出现明显的智力发育迟缓、身材矮小、牙齿发育不全等症状。人类胎儿生长发育 12 周之前的甲状腺不具备聚碘和合成甲状腺激素的能力，这一阶段胎儿生长发育所需要的甲状腺激素必须由母体提供。因此，缺碘地区的孕妇尤其需要适时补充碘，保证合成足够的甲状腺激素，以预防和减少克汀病的发病率。婴儿出生后如果发现有甲状腺功能低下的表现，应尽快补给甲状腺激素。

克　汀　病

克汀病是幼儿时期因先天性甲状腺功能不足所致，又称呆小病。

患者有特殊的外貌，头颅大，脖子短，颜面臃肿色苍黄，眼睑厚，眼距宽，眼裂小，鼻梁扁平，鼻翼肥大，口唇厚，口常张开，舌大而宽且常伸出口外，头发稀少而干枯，皮肤粗糙。

患者体温低，怕冷，汗液和皮脂分泌都较少，精神和动作反应（如翻身、坐、立、走）迟钝，多睡少动，不哭不闹，似无反应状态，膝跳反射、痛觉反射减弱，饮食量少，吞咽缓慢，肌肉松弛呈无力状态，肠蠕动减慢，腹壁膨隆，常有便秘。此外，患者发育迟缓，主要表现在骨骼发育迟缓，身材矮小，四肢短而躯干相对较长，下肢则更显得短，囟门大且闭合时间后延，出牙慢，走路不稳，智力也显得呆笨，言语不清。

3. 其他方面的作用

此外，甲状腺激素对于一些器官的活动也有重要的作用。它对维持神经系统的兴奋性有重要的意义。甲状腺激素可直接作用于心肌，使心肌收缩力增强，心率加快。

课题三
肾 上 腺

学习目标

- 掌握肾上腺的结构、糖皮质激素的作用。
- 熟悉肾上腺髓质的功能。

肾上腺位于肾脏的上方，质软，呈淡黄色，与肾共同包裹于肾筋膜内。左侧肾上腺似半月形，右侧肾上腺呈三角形，二者总重量为 8 ~ 10 g，是人体重要的内分泌腺，分为皮质和髓质两部分，如图 8-3-1 所示。

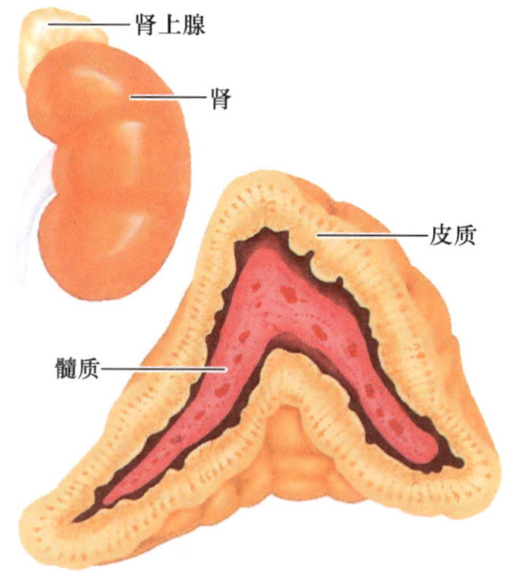

图 8-3-1　肾上腺

一、肾上腺皮质

肾上腺皮质分泌盐皮质激素、糖皮质激素和雄激素，分别调节体内水盐代谢，调节碳水化合物代谢，影响第二性征等。这些激素都属于类固醇激素，其中，糖皮质激素的作用广泛而复杂，以下从几个方面进行说明。

1. 对物质代谢的影响

（1）对糖代谢的影响

糖皮质激素是调节糖代谢的重要激素之一，因能显著升高血糖而得名。糖皮质激素主要通过减少组织对糖的利用和加速肝糖原异生而使血糖升高。

（2）对脂肪代谢的影响

糖皮质激素对脂肪组织的主要作用是提高四肢部分的脂肪酶活性，促进脂肪分解，使血浆中脂肪酸浓度增加并向肝脏转移，增强脂肪酸在肝内的氧化，以利于肝糖原异生。糖皮质激素也能加强细胞内脂肪酸氧化。这些效应有利于在饥饿或其他应激情况下，机体细胞的供能从糖代谢向脂代谢转化。糖皮质激素引起的高血糖可继发引起胰岛素分泌增加，反而加强脂肪合成，增加脂肪沉积。

由于机体不同部位对糖皮质激素的敏感性不同，所以在肾上腺皮质功能亢进或大剂量应用糖皮质激素类药物时，可出现库欣综合征的表现，即机体内脂肪重新分布，主要沉积于面、颈、躯干和腹部，而四肢分布减少，形成“满月脸”“水牛背”及四肢消瘦的“向心性肥胖”体征。

（3）对蛋白质代谢的影响

糖皮质激素对肝内和肝外组织细胞的蛋白质代谢影响不同。糖皮质激素能抑制肝外组织细胞内的蛋白质合成，加速其分解，减少氨基酸转运入肌肉等肝外组织，为肝糖原异生提供原料。当糖皮质激素分泌过多时，可出现肌肉消瘦、骨质疏松、皮肤变薄等体征。

2. 参与应激

当机体受到来自内外环境和社会、心理等方面一定程度的伤害性刺激时（如创伤、手术、感染、中毒、疼痛、缺氧、寒冷、强烈精神刺激、精神紧张等），腺垂体立即释放大量肾上腺皮质激素，并使糖皮质激素快速大量分泌，导致机体发生非特异性的适应反应，这称为应激。一定程度的应激有利于机体对抗应激原，在整体功能全面动员的基础上，提高机体对有害刺激的耐受能力，减轻各种不良反应。然而，强烈或持久的应激刺激将引起机体过强的应激，可对机体造成伤害，甚至导致应激性疾病。例如，严重创伤、大面积烧伤、大手术等可引起应激性溃疡。

3. 对组织器官活动的影响

(1)对血细胞的影响

糖皮质激素可增强骨髓的造血功能，使血液中红细胞、血小板数量增加；可使附着在血管壁及骨髓中的中性粒细胞进入血液循环，增加外周血液中性粒细胞的数量；可抑制淋巴细胞有丝分裂，促进淋巴细胞凋亡，使淋巴结和胸腺萎缩；可导致更多淋巴细胞与嗜酸性粒细胞在脾和肺被破坏，使淋巴细胞和嗜酸性粒细胞数量减少。因此，临床上糖皮质激素可以用于治疗淋巴细胞白血病。但是，长期使用糖皮质激素可导致机体免疫功能下降，容易发生感染。

(2)对心血管系统的作用

糖皮质激素对心血管系统的作用包括：提高心肌、血管平滑肌对儿茶酚胺类激素的敏感性，加强心肌收缩力，增强血管紧张度，以维持正常血压；抑制前列腺素的合成，降低毛细血管的通透性，减少血浆滤过，有利于维持循环血量。因此，糖皮质激素分泌不足的患者在发生应激时易出现低血压性休克。

(3)对胃和肠道的影响

糖皮质激素可促进胃腺分泌盐酸和胃蛋白酶原，也可增强胃腺细胞对迷走神经与促胃液素的反应性，故长期大量使用糖皮质激素易诱发或加重消化性溃疡。

(4)调节水盐代谢

糖皮质激素有一定的促进肾远端小管和集合管的保钠排钾作用。当肾上腺皮质功能减退时，可发生肾排水障碍，甚至引起“水中毒”，此时若补充糖皮质激素则可缓解症状。另外，大量服用糖皮质激素可减少小肠黏膜对钙的吸收，还能抑制肾近端小管对钙、磷的重吸收，增加其排泄量。

二、肾上腺髓质

肾上腺髓质分泌肾上腺素和去甲肾上腺素。肾上腺素主要作用于心肌，使心跳加快，心肌收缩加强。去甲肾上腺素主要作用是使小动脉平滑肌收缩，以维持血压稳定。

课题四
胰　　岛

学习目标

◆ 掌握胰岛素的生理作用。

◆ 了解胰高血糖素的生理作用。

胰岛为胰腺的内分泌部，是呈小岛状散布于外分泌腺腺泡之间的内分泌细胞团，其细胞间有丰富的毛细血管，有利于胰岛细胞分泌的激素进入血液，如图 8-4-1 所示。

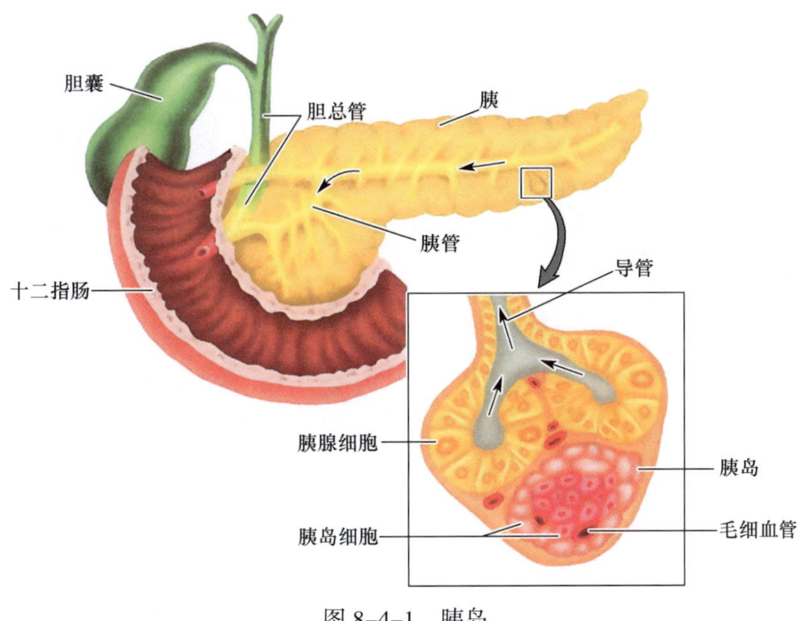

图 8-4-1　胰岛

一、胰岛素

1. 胰岛素的生理作用

胰岛素是促进物质合成代谢、维持血糖浓度稳定的关键激素，对于机体能源物质的储存及机体生长发育有重要意义。胰岛素作用的靶组织和靶器官主要是肝脏、肌肉和脂肪组织。

糖尿病患者因血糖升高后的渗透性利尿引起多尿，继而多饮，并且由于葡萄糖、脂肪、蛋白质代谢紊乱，出现体重减轻、疲乏无力等症状。

知识补给站

糖 尿 病

糖尿病是一种以高血糖为特征的代谢性疾病。高血糖则是由于胰岛素分泌缺陷或其生理作用受损，或两者兼有引起。多饮、多尿、多食和体重下降是糖尿病的典型表现，即“三多一少”。符合以下任一条件即可诊断为糖尿病：具有糖尿病症状且任意时间血浆葡萄糖水平≥11.1 mmol/L；空腹血浆葡萄糖水平≥7.0 mmol/L；口服葡萄糖耐量试验中，餐后 2 小时血浆葡萄糖水平≥11.1 mmol/L。

2. 对生长的作用

胰岛素促进生长的作用分为直接作用和间接作用，前者通过胰岛素受体实现，后者则通过其他促生长因子（如生长激素或胰岛素样生长因子）的作用实现。胰岛素单独发挥作用时，对生长的促进作用并不是很大，只有在与生长激素共同作用时才能发挥明显的促生长作用。

二、胰高血糖素

胰高血糖素是胰岛 α 细胞分泌的，主要在肝内降解，部分在肾内降解。

胰高血糖素是一种能促进物质分解代谢的激素，可促进体内能源物质的分解供能。胰高血糖素的主要靶器官是肝脏。

胰高血糖素的生理作用主要包括：促进肝糖原分解，减少肝糖原合成及加快糖异生，提高血糖水平；抑制肝内脂肪酸合成甘油三酯，促进脂肪酸分解，加快酮体生成；抑制肝内蛋白质合成，促进其分解，同时增加氨基酸进入肝细胞的量，使氨基酸加速转化为葡萄糖，即增强糖异生作用；通过旁分泌促进胰岛 B 细胞分泌胰岛素，促进 D 细胞分泌生长抑素。

知识补给站

糖尿病治疗的“五驾马车”

糖尿病治疗的“五驾马车”是指糖尿病知识教育、运动疗法、饮食治疗、血糖监测和药物治疗。

1. 糖尿病知识教育

糖尿病目前尚不能根治，要有长期作战的准备，所以心理教育也很重要，要引导患者正确对待糖尿病。患者及其亲属接受必要的糖尿病知识教育是非常重要且必不可少的。相关知识包括糖尿病的发病原因、低血糖的产生原因及应对措施、糖尿病性神经病的预防、胰岛素笔的使用方法和血糖监测的方法等。

2. 运动疗法

运动可以使周身血液重新分配，消除肝瘀血，增强人体对肝糖原的储存能力，这样就能降低血糖。锻炼是一种习惯，任何糖尿病患者的运动都要注意量力而为，以全身性、有节奏的有氧运动为宜，如慢跑、较长时间的快走、游泳等。

3. 饮食治疗

饮食治疗是糖尿病治疗的基础，无论对Ⅰ型还是Ⅱ型糖尿病患者，饮食治疗都是最重要的治疗措施，它贯穿于整个糖尿病的治疗过程。饮食治疗有以下原则：少量多餐，控制总量，固定热量，品种丰富，搭配合理，蔬菜为主，鱼肉适当。控制饮食不是节食，而是按患者的体重计算热量，按三大营养物质的比例安排膳食。如果没有正确的饮食方案，即使服用再多的药物，注射再多的胰岛素，血糖控制效果也不会好。

4. 血糖监测

定期对血糖进行监测有利于医师和患者了解病情，能帮助患者了解血糖的高低，及时发现低血糖，并且指导患者及时调整治疗方案。

5. 药物治疗

Ⅰ型糖尿病患者必须终生使用胰岛素。Ⅱ型糖尿病患者在饮食、运动时，以及口服抗糖尿病药物效果不好、出现急性视网膜病变和尿毒症等应激状态（如严重感染、急性心梗、脑卒中等）、大中型手术围手术期、孕期及围产期也必须使用胰岛素治疗。除上述情况外的Ⅱ型糖尿病患者应考虑使用口服型抗糖尿病药物。

以上五个方面是糖尿病治疗的基本方法，各方法之间相辅相成，不可偏废，要采取综合措施，方可使患者得到最佳治疗。

思考与练习

1. 内分泌系统的功能有哪些？

2. 常见的内分泌激素及其作用有哪些？

3. 甲状腺激素的生理作用有哪些？

4. 糖皮质激素对物质代谢的影响是什么？

5. 胰岛素的生理作用有哪些？根据所学的胰岛素知识，结合查阅资料，说出Ⅰ型糖尿病和Ⅱ型糖尿病的区别。

6. 对于糖尿病患者来说，最常见的并发症是低血糖。试采取分组演示的形式模拟发生低血糖的不同情境，完成对低血糖症状的规范处理。

模块九
感　觉　器

感觉的产生是感受器（或感觉器）、神经传导通路和感觉中枢三部分共同活动的结果。机体内的感受器多种多样，最简单的感受器就是游离的传入神经末梢，而有些在结构和功能上都高度分化的感受细胞连同它们的附属结构则构成了感觉器。本模块主要介绍眼、耳和皮肤的结构和功能。

情景引入

患者林某，女，65 岁，和女儿居住在一起。林某中风 3 年，行走不便，一侧肢体存在感觉障碍，身体消瘦。平时其女儿白天不在家，林某长时间卧床且穿成人纸尿裤。近日其女儿发现林某骶尾部出现压伤，遂将老人送至养老院。经诊断，林某病情为压疮二期。

问题：

1. 皮肤的结构和功能是什么？

2. 如何根据林某的情况制定防护措施？

课题一 眼

学习目标

- 掌握眼的形态和结构。
- 熟悉眼的视觉功能。

一、眼的形态和结构

1. 眼球

眼球是视器的主要部分，位于眶内，后端由视神经连于间脑。人的眼球近似球形，前后径 24 ~ 25 mm。眼球前面角膜的正中点为前极，后面巩膜的正中点为后极，联结前后两极的直线为眼轴。眼球由眼球壁和眼球的内容物构成。眼球壁从外向内依次分为眼球纤维膜、血管膜和视网膜三层。眼球的内容物包括房水、晶状体和玻璃体，它们透明而无血管，具有屈光作用。它们与角膜合称为眼的屈光装置，可使所视物体在视网膜上清晰成像。眼球的水平切面如图 9-1-1 所示。

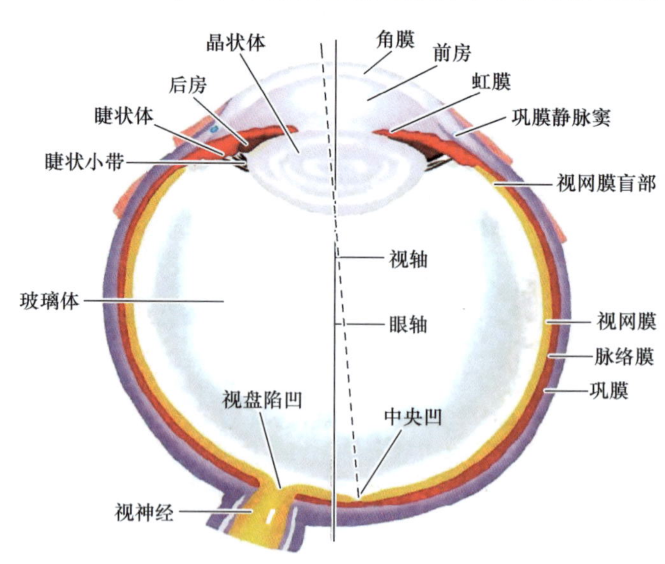

图 9-1-1 眼球的水平切面

2. 眼副器

眼副器包括眼睑、结膜、泪器、眼球外肌、眶脂体和眶筋膜等，有保护、驱动和支撑眼球的作用。眼眶矢状切面如图 9-1-2 所示。

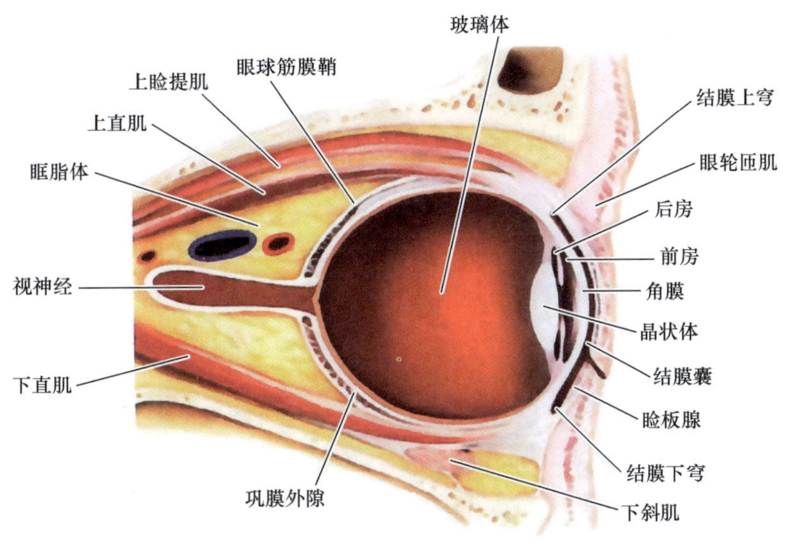

图 9-1-2 眼眶矢状切面

二、眼的视觉功能

眼是形成视觉的外周感觉器。外界物体发出的光线经眼的折光系统成像于视网膜上，眼的感光换能系统再将视网膜上成像所含的视觉信息转变为生物电信号，并在视网膜中对这些信号进行初步处理，然后，信号由视神经传入中枢，并在各级中枢尤其是大脑皮层进一步分析处理，最终形成视觉。

1. 眼的折光系统

由于视觉的感光细胞在眼球的视网膜上，所以外界物体能够在视网膜上形成真实而清晰的物像是视觉形成的首要步骤。外界物体在视网膜上形成物像是通过眼的折光系统完成的。入眼光线在到达视网膜之前，要先后通过角膜、房水、晶状体和玻璃体四种折射率不同的折光体，以及各折光体（主要是角膜和晶状体）前、后表面所构成的多个屈光度不等的折射界面。

2. 眼的调节

当眼在看远处（6 m 以外）物体时，从物体上发出或反射的光线到达眼时，已基本上是平行光线。这些平行光线经过正常眼的折光系统后，不需做任何调节即可在视网膜上形成清晰的图像。当眼看近物（6 m 以内）时，从物体上发出或反射的光线达到眼时，则呈现某种程度的辐散，光线通过眼的折光系统将成像在视网膜之后，眼不能看清楚这些离眼太远的物体。

（1）瞳孔近反射

眼在注视 6 m 以内的近物或被视物体由远移近时，眼将发生一系列调节，其中最主要的是晶状体变凸，同时发生瞳孔缩小和视轴会聚，这一系列调节称为瞳孔近反射。

（2）瞳孔对光反射

瞳孔对光反射是指瞳孔在强光照射时缩小而在光线变弱时散大的反射。这是眼的一种适应功能，其意义在于调节进入眼内的光量，使视网膜不至于因光线过强而受到损害，也不会因光线过弱而影响视觉。瞳孔对光反射的效应是双侧性的，光照一侧眼的视网膜时，双侧眼的瞳孔均缩小，故瞳孔对光反射又称互感性对光反射。瞳孔对光反射常被作为判断麻醉深度和病情危重程度的一个指标。

3. 眼的折光异常

正常人眼不必做任何调节就可使平行光线聚焦于视网膜上，因而可看清远处的物体。只要物体离眼的距离不小于近点，经过调节的眼也能看清 6 m 以内的物体，这种眼称为正视眼。若眼的折光能力异常，或眼球的形态异常，使平行光线不能聚焦于安静、未调节眼的视网膜上，则称为非正视眼，也称屈光不正，包括近视眼、远视眼和散光眼。正视眼以及近视眼、远视眼及其矫正如图 9-1-3 所示。

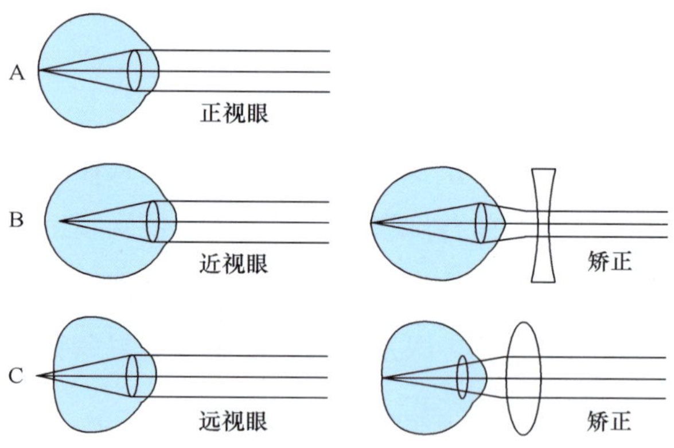

图 9-1-3　正视眼以及近视眼、远视眼及其矫正示意图

课题二
耳

学习目标

- 掌握外耳、中耳和内耳的结构。
- 熟悉声音的传导路径。
- 了解耳的生理功能。

前庭蜗器又称耳，包括感受头部位置的位觉器和感受声波刺激的听觉器两部分。前庭蜗器全貌如图 9-2-1 所示。听觉器包括外耳、中耳和内耳三部分，外耳、中耳是声波的传导装置，内耳中的耳蜗具有可接受声波刺激的感受器。位觉器位于内耳的前庭和半规管中。

一、耳的形态和结构

1. 外耳

外耳包括耳郭、外耳道和鼓膜三部分，具有收集和传导声波的功能。

（1）耳郭

耳郭以弹性软骨为支架，外面覆有皮肤，如图 9-2-2 所示。耳郭的皮下组织很少，但血管神经丰富。下方耳垂部分软骨仅含结缔组织和脂肪。耳郭凸面向后，凹面朝向前外。

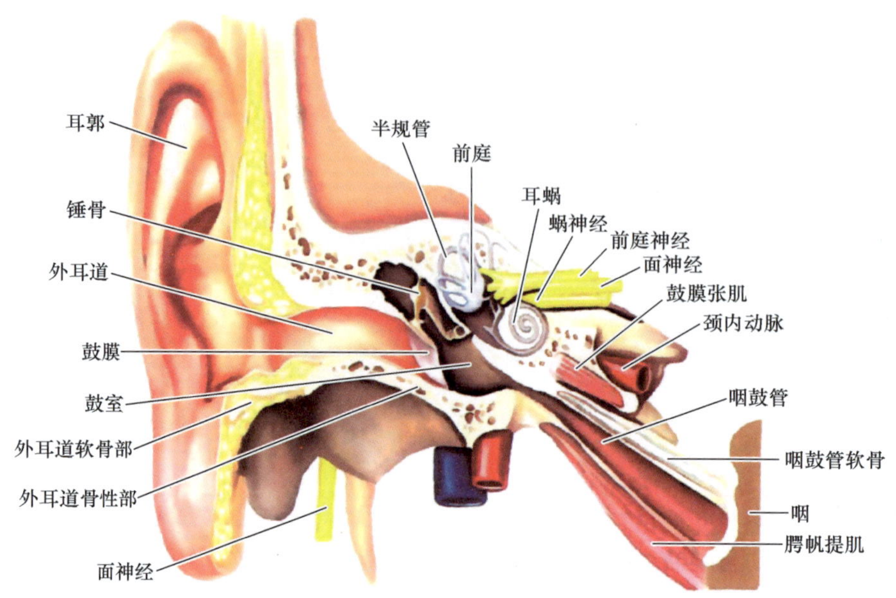

图 9-2-1　前庭蜗器全貌

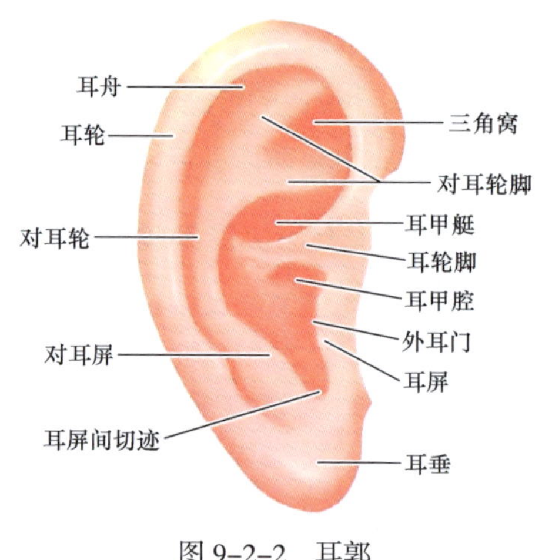

图 9-2-2　耳郭

（2）外耳道

外耳道为自外耳门向内延伸至鼓膜的管道，成人外耳道长 2 ~ 2.5 cm。其外侧 1/3 为软骨部，与耳郭软骨相连，内侧 2/3 为骨性部。外耳道为一曲管，从外向内，软骨部先朝向前上，继而稍向后，骨性部朝向前下。故做外耳检查时，将耳郭向后上方牵拉，即可将外耳道拉直。

知识补给站

耵 聍

耳道软骨部皮肤具有耵聍腺，其淡黄色黏稠的分泌物称为耵聍，俗称耳屎。耵聍在空气中干燥后呈薄片状。有的耵聍如黏稠的油脂，俗称油耳。耵聍具有保护外耳道皮肤和黏附外物的作用，平时多借助咀嚼、张口等自行排出。若耵聍逐渐凝聚成团，阻塞于外耳道内，即称为耵聍栓塞。临床治疗耵聍栓塞的方法有：

1. 器械去除法

大而坚硬者，医生会先用 3% ~ 5% 碳酸氢钠溶液或植物油滴耳，每日 5 ~ 6 次，待耵聍软化后再利用耳内镜取出。较小的耵聍可直接用镊子、耵聍钩取出。

2. 外耳道冲洗法

先进行抗炎治疗，可滴入 3% 硼酸甘油或 4% 酚甘油，每日数次。必要时内服抗生素，3 ~ 4 日后再取出耵聍。

（3）鼓膜

鼓膜呈斜位，是外耳道和中耳的分界，如图 9-2-3 所示。其外侧面朝向前、下、外，与外耳道底成 45° ~ 50° 夹角，因而外耳道的前壁、下壁较长。婴儿鼓膜更为倾斜，几近于水平。

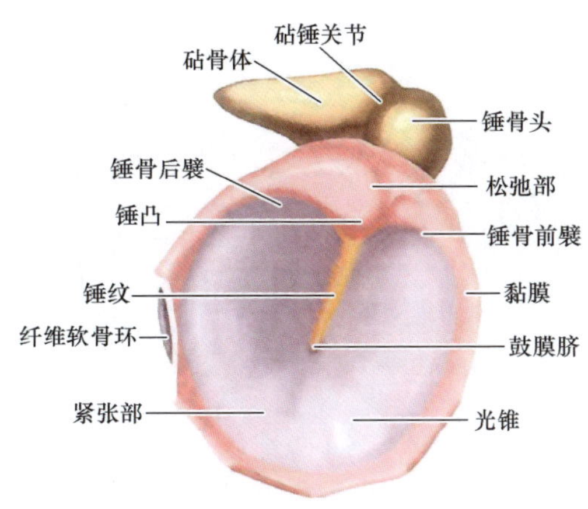

图 9-2-3 鼓膜

2. 中耳

中耳包括鼓室及其后方与之相通的乳突窦和乳突小房，以及向前下方与咽相通的咽鼓管三部分。

3. 内耳

内耳位于颞骨岩部，居于中耳和内耳道底之间。它包括由骨密质构成的一系列复杂的曲管（称为骨迷路，见图 9-2-4），以及内部形态与骨迷路基本一致的膜性曲管（称为膜迷路，见图 9-2-5）。膜迷路内充有淋巴，称为内淋巴。膜迷路与骨迷路的间隙内也有淋巴，称为外淋巴。内、外淋巴互不相通。

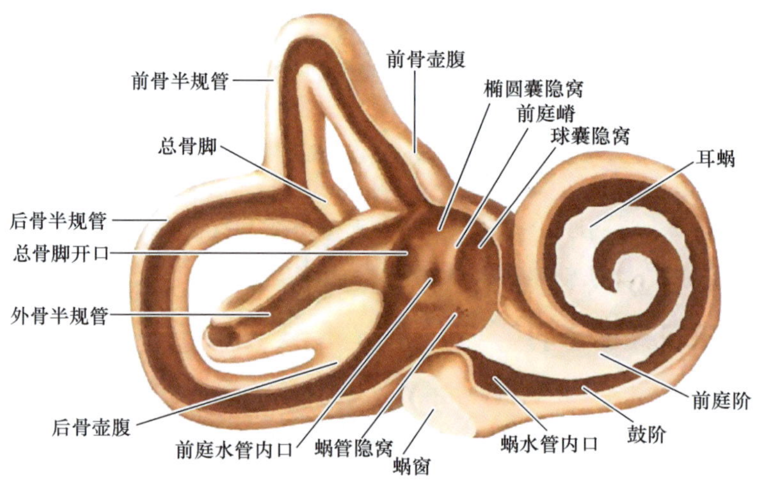

图 9-2-4　骨迷路

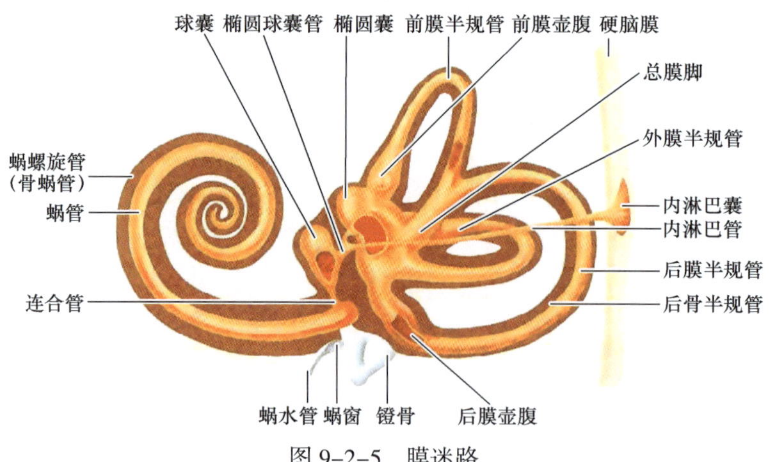

图 9-2-5　膜迷路

二、耳的生理功能

1. 听觉功能

空气因声源振动而产生声波，声波通过外耳和中耳的传递到达耳蜗，耳蜗通过感音换能作用将声波的机械能转变为听神经纤维上的神经冲动。后者传导至大脑皮层的听觉中枢，便产生听觉。听觉是人耳的主要功能之一，对人类认识自然、交流思想具有重要意义。

人耳能够感受到的声波频率范围是 20 ~ 20 000 Hz。对于每一种频率的声波，都有一个刚好能引起听觉的最小强度，称为听阈。在听阈以上继续增加声音强度，听觉感受也相应增强。当声音强度增加到某一限度时，将引起鼓膜的疼痛感觉，这一限度称为最大可听阈。

耳郭具有集音作用，中耳的主要功能是将声波振动能量高效地传给内耳，其中鼓膜和听骨链在声音传递过程中还起增压作用。声波可通过气传导和骨传导两条途径传入内耳，正常情况下以气传导为主。

2. 平衡功能

内耳的前庭器官由半规管、椭圆囊和球囊组成，其主要功能是感受机体姿势和运动状态以及头部在空间的位置，这些感觉合称为平衡感觉。

课题三
皮　肤

◆ 掌握皮肤的结构和功能。

◆ 熟悉皮肤附属器的结构和功能。

皮肤覆盖在身体表面，成人皮肤面积约为 1.7 m^2。皮肤柔软而有弹性，各处厚薄不等。手掌和足跖处皮肤最厚，缺乏毛囊，具有皮嵴，以抵抗摩擦。身体背侧和伸侧的皮肤较腹侧和屈侧的皮肤厚。

一、皮肤及其附属器

1. 皮肤的结构

人体皮肤分为表皮、真皮和皮下组织三层，除含有皮肤附属器外，还含有丰富的血管、淋巴管和神经，如图 9-3-1 所示。

（1）表皮

表皮由多层扁平上皮构成，由浅到深依次为角质层、透明层、颗粒层、棘层和生发层。角质层由多层角化上皮细胞构成，无生命，不透水，具有防止组织液外流、抗摩擦和防感染等功能。生发层的细胞不断增生，逐渐向外移行，以补充不断脱落的角质层。生发层内含有一种黑色素细胞，能产生黑色素。皮肤的颜色与黑色素的多少有关。

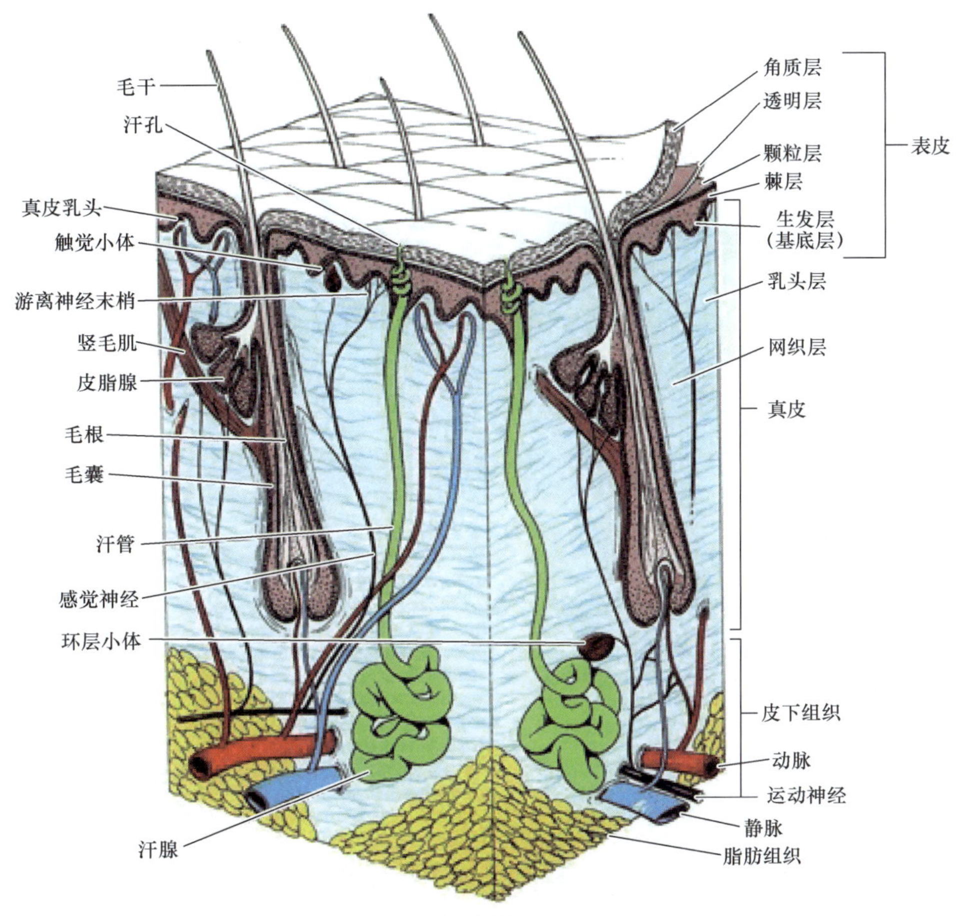

图 9-3-1　皮肤

（2）真皮

真皮位于表皮下面，主要由结缔组织（包括胶原纤维、基质及细胞成分）构成。真皮坚韧而有弹性，有丰富的神经末梢，可感受外界的冷、热等各种刺激，含有较多的水分和电解质，参与身体内各种物质代谢和免疫生理活动等。真皮没有再生能力，故受到损伤便会留下疤痕。

（3）皮下组织

皮下组织位于真皮下方，与肌膜等组织相连，由疏松结缔组织及脂肪组织构成，又称皮下脂肪层。皮下组织含有血管、淋巴管、神经、小汗腺和顶泌汗腺等。

知识补给站

压　疮

压疮又称压力性溃疡、褥疮，是由于局部组织长期受压，发生持续缺血、缺氧、营养不良而致组织溃烂坏死。皮肤压疮在康复治疗、护理中是一个普遍性的问题。压疮第二期称为炎性浸润期，此时压疮呈紫红色，有硬结、水疱，真皮部分缺失，表现为一个浅的开放性溃疡，伴有粉红色的创面，无腐肉，也可能表现为一个完整的或破裂的血清性水疱，患者有疼痛感。

2. 皮肤附属器

皮肤附属器是胚胎发育中由表皮衍生而来的，包括毛、皮脂腺、汗腺、指（趾）甲等。皮肤附属器对维持正常的皮肤功能具有重要作用。

（1）毛

毛由毛干、毛根和毛囊三部分组成。埋入皮肤内的部分称为毛根。伸至皮肤外面的部分称为毛干，它包在毛根周围。由上皮和结缔组织构成的管状发鞘称为毛囊。毛根和毛囊的下端合为一体，称为毛球。毛球底面凹陷，结缔组织与血管及神经突入其中，称为毛乳头。毛的粗细、长短、疏密与颜色随部位、年龄、性别、生理状态、种族等的不同而有差异。头发可减少头部热量损失，保护头部免受阳光伤害。眉毛和睫毛使眼睛免受阳光、灰尘及汗液的伤害。鼻毛可以减少鼻腔对灰尘及其他异物的吸入量。

（2）皮脂腺

除手掌、足底、足背等少数部位以外，大部分皮肤中都有皮脂腺。皮脂腺位于毛囊与竖毛肌之间，分泌皮脂，其导管开口于毛囊或皮肤表面。皮脂腺所分泌的皮脂对皮肤及毛发起柔润保护作用。

（3）汗腺

汗腺属于单曲管状腺，分泌部粗长，高度盘曲，位于真皮深层及皮下组织内。其导管细长，开口于毛囊或皮肤表面。汗腺按结构特点、分泌物性质及分布部位的不同可分为大汗腺和小汗腺。汗腺具有排汗功能，可湿润皮肤，调节体温，影响体内水和无机盐含量，排泄部分代谢产物。

（4）指（趾）甲

指甲和趾甲分别位于手指或足趾末节的背面，由多层角质细胞紧密排列而成。暴露在外的部分称为甲板，埋入皮肤内的部分称为甲根，甲板下面的皮肤称为甲床，甲板周缘的皮肤褶皱称为甲襞，甲板两侧与皮肤之间的浅沟称为甲沟。甲根后下部组织是甲母质，它是指（趾）甲的生长区。

二、皮肤的功能

皮肤具有保护、感觉、调节体温、分泌与排泄、呼吸、吸收和新陈代谢七大生理功能。

1. 保护功能

皮肤能缓冲外来刺激的伤害，也能防止紫外线射入人体，具有保护功能。皮肤覆盖在人体表面，表皮各层细胞紧密相连。真皮中含有大量的胶原纤维和弹性纤维，使皮肤既坚韧又柔软，具有一定的抗拉性和弹性。当受外力摩擦或牵拉后，皮肤仍能保持完整，并在外力去除后恢复原状。皮下组织疏松，含有大量脂肪细胞，有软垫作用，可缓冲外力的撞击，保护内部组织不受损伤。皮肤的角质层是不良导体，对电流有一定的绝缘能力，可以防止少量电流对人体的伤害。皮肤的角质层和黑色素颗粒能反射和吸收部分紫外线，阻止其射入体内伤害内部组织。

2. 感觉功能

皮肤内含有丰富的感觉神经末梢，可感受外界的各种刺激，产生各种不同的感觉，如触觉、痛觉、压力觉、热觉、冷觉等。

3. 调节体温功能

皮下脂肪、毛细血管均具有保温作用，能维持一定的体温。当外界气温较高时，皮肤毛细血管网大量开放，体表血流量增多，皮肤散热增加，使体温不致过高。

4. 分泌与排泄功能

皮肤的汗腺可分泌汗液，皮脂腺可分泌皮脂。皮脂在皮肤表面与汗液混合，形成乳化皮脂膜，滋润保护皮肤及毛发。皮肤通过出汗排泄体内代谢产生的废物，如尿酸、尿素等。

5. 呼吸功能

皮肤本身会产生微细的呼吸。皮肤并不是绝对严密无通透性的，它能够有选择地吸收外界的营养物质。皮肤直接从外界吸收营养的途径有三条：营养物渗透过角质层细胞膜，进入角质细胞内；少量大分子及水溶性物质可通过毛孔、汗孔而被吸收；少量营养物通过表面细胞间隙渗透进入真皮。

6. 吸收功能

皮肤能从外界吸收各种物质，如渗透、吸收水分及润肤保健品。

7. 新陈代谢功能

皮肤细胞有分裂繁殖、更新代谢的能力。皮肤的新陈代谢功能在晚上 10 点至凌晨 2 点之间最为活跃，在此期间保证良好的睡眠对养颜大有好处。

皮肤作为人体的一部分，还参与全身的代谢活动。皮肤中有大量的水分和脂肪，它们不仅使皮肤丰满润泽，还为整个机体活动提供能量，可以补充血液中的水分，储存人体多余的水。皮肤是糖的储库，能调节血糖的浓度，以保持血糖的正常。

知识补给站

皮肤形成压疮的原因

皮肤形成压疮最主要的原因是压力，尤其是垂直压力。此外，引起压疮的原因还包括全身营养缺乏，肌肉萎缩，受压处缺乏保护，皮肤经常因大小便失禁、床单褶皱受浸湿、摩擦等物理性刺激等。针对情景引入中林某出现第二期压疮的情况，照护者需要做到：遵医嘱处理伤口；避免皮肤长时间受压，勤翻身，保持良肢位；加强主动和被动锻炼；保持皮肤清洁干燥，每日用温水洗浴，涂抹身体乳；及时更换纸尿裤；饮食要有足够的蛋白质、维生素和热量，并选择容易消化的食物；采用气垫、水垫、凝胶垫、泡沫敷料垫、楔形垫等皮肤减压工具。

思考与练习

1. 什么是瞳孔对光反射？

2. 耳的生理功能有哪些？

3. 随着机体的衰老，老年人的听力会发生退化，助听器的使用也日益普遍。结合本模块所学内容，请查找助听器的组成部分和使用方法。

4. 简述皮肤的分层结构。

5. 皮肤的功能有哪些？

6. 查找资料，用彩笔绘制皮肤压疮不同时期的图形，并标注不同时期的处理措施。

模块十
神 经 系 统

神经系统是人体内起主导作用的调节系统，可直接或间接调节控制人体各器官、系统的功能。另外，环境的变化随时影响着体内的各种功能，这就需要对体内各种功能不断做出迅速而完善的调节，使机体适应内外环境的变化。实现这一调节功能的系统主要就是神经系统。掌握神经系统的有关知 识可以为实施脑卒中、脊髓损伤、阿尔茨海默病等疾病的照护工作打下基础。

情景引入

患者王某，男，65岁，6个月前因左侧肢体力弱，怀疑脑梗死，进入神经内科病房进行治疗，病情稳定后在康复科进行康复治疗，一周前出院。由于行动不便，生活不能自理，王某于今日入住养老院。

入院检查结果为：体温36.5℃，心率65次/分，呼吸频率21次/分，血压140/85 mmHg；神志清楚，语言流利，理解力、判断力正常；双侧瞳孔等大等圆，对光反射灵敏，两眼球运动充分，无眼震；鼻唇沟左侧稍浅，咽反射正常，伸舌稍偏左；左侧上肢肌力约3级，下肢肌力4级，肌张力正常，左侧偏身感觉减退；右侧上肢、下肢肌力均为5级，肌张力正常；日常生活能力评分65分，部分依赖。

辅助检查：头颅CT显示右侧基底节区脑梗死。

诊断结果：脑梗死（后遗症期）。

问题：

1. 怎样利用神经系统的知识解释该患者症状和体征？
2. 应该如何对患者进行康复护理？

课题一 神经系统的组成与功能

学习目标

- 掌握神经系统的组成及常用术语。
- 了解神经元之间的信息传递方式。
- 了解神经递质。

一、神经系统的组成及常用术语

1. 神经系统的组成

神经系统（见图 10−1−1）由中枢神经系统和周围神经系统两部分组成。中枢神经系统包括脑和脊髓，周围神经系统包括与脑和脊髓相连的脊神经、脑神经和内脏神经。从结构和功能来看，两者是一个整体。

2. 神经系统的常用术语

在中枢神经系统和周围神经系统中，神经元胞体和树突在不同部位有不同的组合编排方式，故用不同的术语表示。

（1）灰质与白质

中枢神经系统内，新鲜标本神经元的胞体和树突集中处呈灰色，称为灰质。在脑表面成层分布的灰质称为皮质，如大脑皮质和小脑皮质。中枢神经系统内，新鲜标本神经纤维集中处呈白色，称为白质，如脊髓白质。

（2）神经核与神经节

中枢神经系统内，形态和功能相似的神经元胞体，聚集成团状或柱状的称为神经核。周围神经系统内，神经元胞体聚集成结节状膨大的称为神经节。

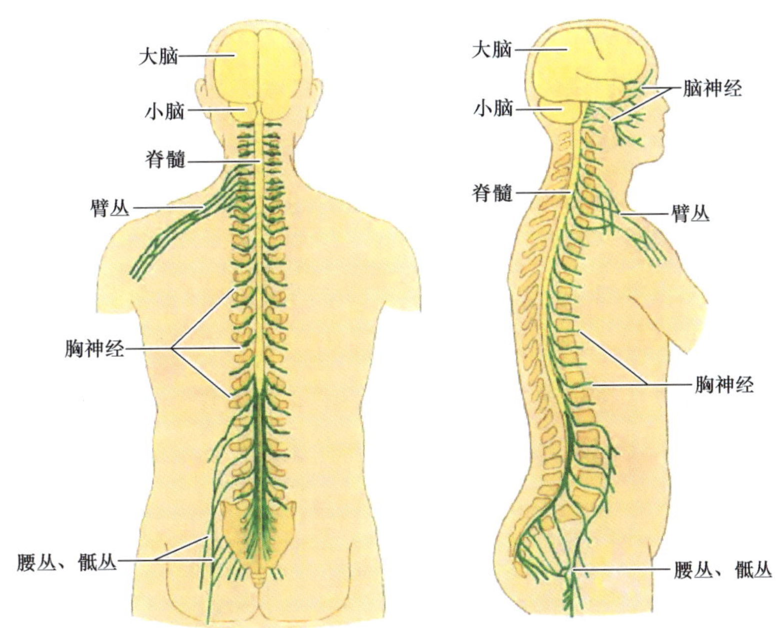

图 10-1-1　神经系统

（3）纤维束与神经

中枢神经系统内，神经纤维聚集成束，其起止、路径和功能基本相同的，称为纤维束。周围神经系统内，神经纤维聚集成束，称为神经，如三叉神经、坐骨神经。

（4）网状结构

中枢神经系统内，神经纤维纵横交织成网状，其间有分散的或成群的神经元胞体，这种结构称为网状结构。

二、神经元之间的信息传递

神经系统由大量的神经元构成。这些神经元仅互相接触。神经元之间的信息传递方式有两种：一种是通过电信号传递，另一种是通过化学物质即神经递质传递。后一种信息传递方式更为常见。

1. 突触

突触是神经元传递信息的重要媒介。突触大多为一个神经元的轴突末端与另一个神经元的树突或胞体接触。一个神经元可以与一个或多个神经元形成突触，如人的大脑皮质每个神经元平均有 30 000 个突触。

突触是反射弧中最易疲劳的环节，突触传递发生疲劳的原因可能与递质的耗竭有关，疲劳的出现是防止中枢神经过度兴奋的一种保护性抑制。

知识补给站

神经元间的突触最易受内环境变化的影响。缺氧、酸碱度升降、离子浓度变化等均可改变突触的传递能力。脑梗死发生后，局部脑组织缺血、缺氧，导致脑部的神经元死亡，而缺氧可使神经元和突触部位丧失兴奋性并出现传导障碍，所以兴奋传导也即受阻，其结果就是感觉、运动传递中断。所以，病人虽然皮肤、骨骼、肌肉无异常，但是却出现感觉减退，不能运动。

2. 神经递质

神经递质是指由突触前神经元合成并释放，能特异性地作用于突触后神经元或效应细胞上的受体而产生一定效应的信息传递物质。神经递质可在数毫秒甚至更短时间内改变突触后神经元的离子通透性并引起突触后电位变化，是神经元之间或神经元与效应细胞间主要的信息传递物质。已知的哺乳动物的神经递质达一百多种。

课题二
中枢神经系统

学习目标

- 了解脊髓的位置和外形，以及小脑、间脑、脑干、端脑的外形。
- 掌握脊髓内部结构及功能，以及小脑、间脑、脑干、端脑的功能。
- 熟悉大脑皮质的功能定位。
- 熟悉脑的被膜、脑血管的结构。

一、脊髓

1. 脊髓的位置和外形

脊髓位于椎管内，外包三层被膜，与脊柱的弯曲状况一致。脊髓上端在枕骨大孔处与延髓相连，下端变细呈圆锥状，称为脊髓圆锥。其尖端约平对第 1 腰椎椎体下缘（新生儿可达第 3 腰椎椎体下缘），全长 42 ~ 45 cm，重 20 ~ 25 g。

脊髓呈前后稍扁的圆柱状，粗细不等，有两个梭形膨大部。上方的称为颈膨大，下方的称为腰骶膨大。两个膨大部的形成是此处神经元和纤维增多所致，与四肢的出现有关。膨大部的发展与四肢的发展相适应，人类的上肢功能特别发达，因而颈膨大比腰骶膨大明显。

脊髓在外形上没有明显的节段标志，每一对脊神经前根、后根的根丝所附着的一段脊髓即为一个脊髓节段。由于人体有 31 对脊神经，故脊髓可分为 31 个节段，即颈段 8 节、胸段 12 节、腰段 5 节、骶段 5 节和尾段 1 节。

脊髓外形及脊髓节段与椎骨序数的关系分别如图 10-2-1 和图 10-2-2 所示。

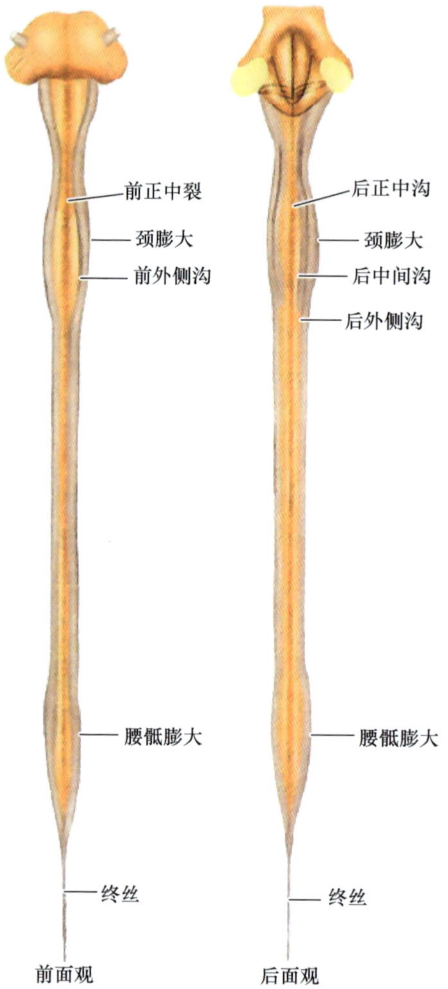

前正中裂
颈膨大
前外侧沟
腰骶膨大
终丝
前面观

后正中沟
颈膨大
后中间沟
后外侧沟
腰骶膨大
终丝
后面观

图 10–2–1 脊髓外形

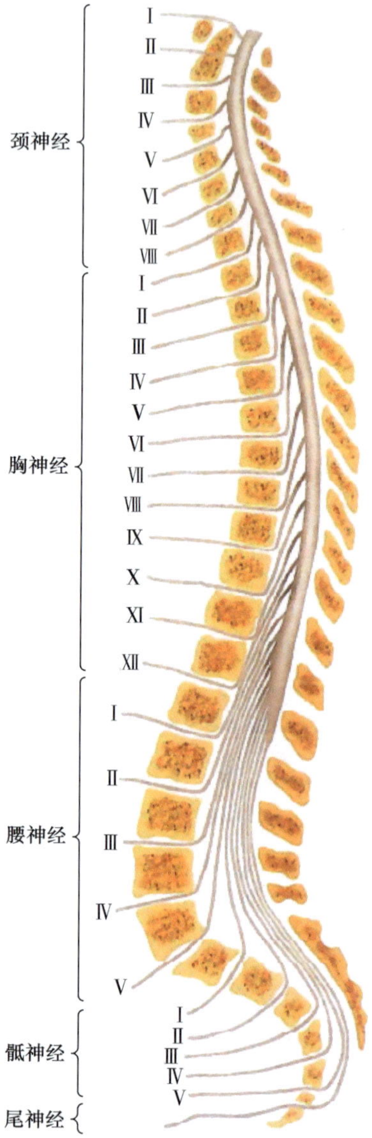

颈神经 Ⅰ Ⅱ Ⅲ Ⅳ Ⅴ Ⅵ Ⅶ Ⅷ
胸神经 Ⅰ Ⅱ Ⅲ Ⅳ Ⅴ Ⅵ Ⅶ Ⅷ Ⅸ Ⅹ Ⅺ Ⅻ
腰神经 Ⅰ Ⅱ Ⅲ Ⅳ Ⅴ
骶神经 Ⅰ Ⅱ Ⅲ Ⅳ Ⅴ
尾神经

图 10–2–2 脊髓节段与椎骨序数关系图

知识补给站

腰 穿

腰穿的全称为腰椎穿刺，是目前神经内科与神经外科了解脑脊液性状的一个常见检测手段，对患者的创伤相对较小。其方式为将腰椎穿刺针刺入患者腰后背部，取适量脑脊液后进行一些生化及常规检测，同时可间接了解颅内压力，以及有无神经系统的炎性改变。

脊髓上端连于延髓，位置固定，导致脊髓节段的位置高于相应的椎骨。人出生时脊髓下端已平对第 3 腰椎，至成人则达第 1 腰椎椎体下缘。脊神经根在脊髓圆锥下方，围绕终丝聚集成束，呈马尾状。因第 1 腰椎以下已无脊髓，故临床上进行脊髓蛛网膜下隙穿刺抽取脑脊液或麻醉时，常选择第 3、第 4 腰椎棘突间进针，以免损伤脊髓，如图 10-2-3 所示。

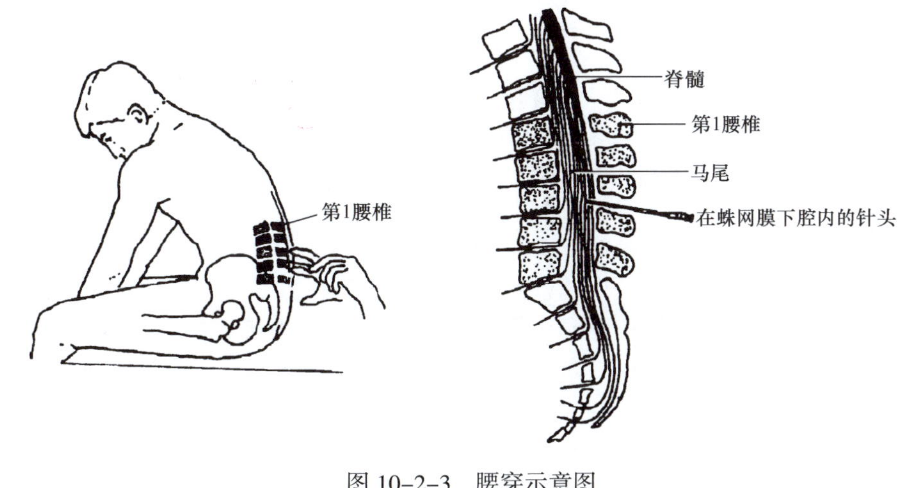

图 10-2-3　腰穿示意图

2. 脊髓的内部结构

脊髓由围绕中央管的灰质和位于外围的白质组成。在脊髓的横切面上，可见中央有一细小的中央管，中央管周围是呈 H 形的灰质，灰质的外围是白质。

（1）灰质

脊髓灰质是神经元胞体及突起、神经胶质和血管等的复合体。灰质在横切面上呈 H 形，中央的小孔为中央管，此管纵贯脊髓，上与第四脑室相通。灰质前端膨大，称为前角，内含运动神经元。它发出的轴突组成脊神经前根，支配骨骼肌。灰质后端窄细，称为后角，内含联络神经元，接收由脊神经后根传入的躯体和内脏的感觉冲动。脊髓的第 1 胸段至第 3 腰段，前角与后角间有向外侧突出的侧角，内含交感神经元。

知识补给站

脊髓灰质炎为什么会引起运动功能障碍?

脊髓灰质炎是由脊髓灰质炎病毒引起的一种急性传染病。病毒侵犯脊髓前角中的运动神经元，使得肢体无力萎缩，引起运动障碍。该病主要危及儿童特别是 1 ～ 6 岁的儿童，会引起发热。随着病情的发展，患者可能会出现麻痹的症状，故这种病又称小儿麻痹症，患者会产生严重的后遗症。由于至今尚无特效的治疗药物，所以其预防工作特别重要。

(2) 白质

脊髓白质的神经纤维可分为上行纤维、下行纤维等不同种类，它们分别组成不同的纤维束。

1) 上行纤维(传导)束

上行纤维(传导)束又称感觉传导束，主要是将后根传入的各种感觉信息向上传递到脑的不同部位。

2) 下行纤维(传导)束

下行纤维(传导)束即运动传导束，起自脑的不同部位，直接或间接止于脊髓前角或侧角。管理骨骼肌的下行纤维束分为锥体系和锥体外系。

3) 脊髓固有束

脊髓固有束的纤维局限于脊髓内，其上行或下行纤维的起始神经元均位于脊髓灰质。脊髓固有束纤维行于脊髓节段内、节段间甚至脊髓整体，主要集中于脊髓灰质周围。脊髓固有束可实现脊髓节段内和节段间的整合和调节功能。

3. 脊髓的主要功能

脊髓是神经系统的低级中枢，是高级中枢的基础，一些高级中枢的功能通过脊髓得以实现。脊髓内的上下行纤维束是脑与躯干、四肢互相联系的神经通路，具有传导功能。脊髓中的灰质是反射活动的低级中枢(排尿中枢、排便中枢)。脊髓可以完成部分内脏反射活动，如血管张力反射(维持血管紧张性以保持一定的外周阻力)、排便反射、排尿反射、发汗反射等。但是，这种反射调节功能是初级的，不能很好适应生理功能的需要。例如，基本的排尿反射可以进行，但排尿不能受意识控制，而且排尿也不完全。所以，内脏活动更完善的调节必须有较高级中枢的参与。

知识补给站

如果出现脊髓横断，则传导功能受损，病灶节段水平位以下会呈现瘫痪、感觉消失、肌张力消失、不能维持正常体温、大小便失禁及血压下降等症状，患者日常生活将不能自理，所以日常一定要注意安全，保护好脊髓。

二、脑

脑位于颅腔内，由胚胎时期神经管的前部分化发育而成，是中枢神经系统的最高级部位。成人脑的平均重量约为 1 400 g。一般将脑分为脑干、端脑、间脑、小脑。脑的底面如图 10-2-4 所示，正中矢状切面如图 10-2-5 所示。

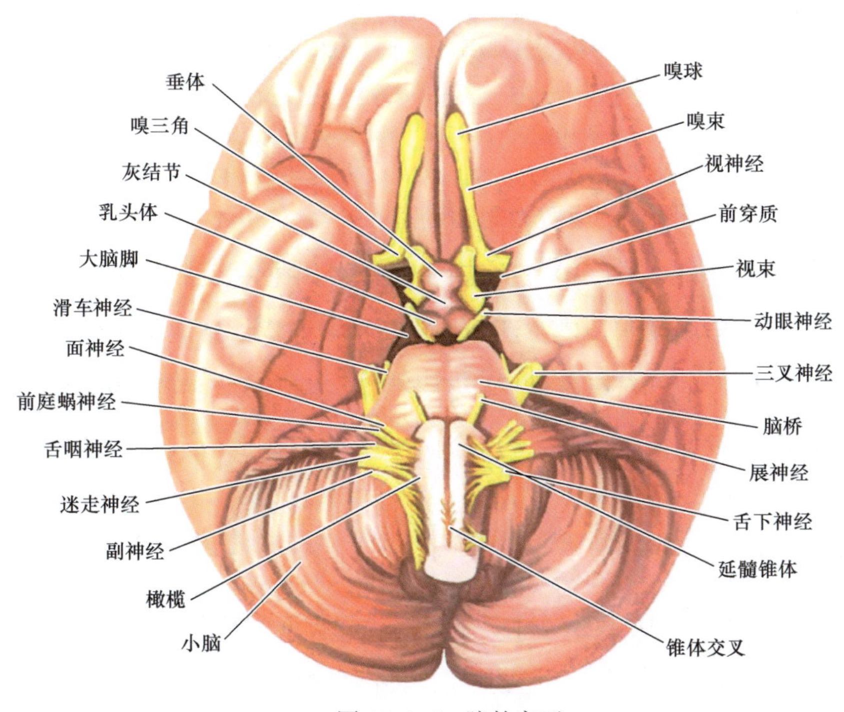

图 10-2-4　脑的底面

1. 脑干

脑干自下而上由延髓、脑桥和中脑三部分组成。脑干位于颅后窝前部，上接间脑，下续脊髓，延髓和脑桥的腹侧邻接颅后窝前部枕骨的斜坡，背面与小脑相连。

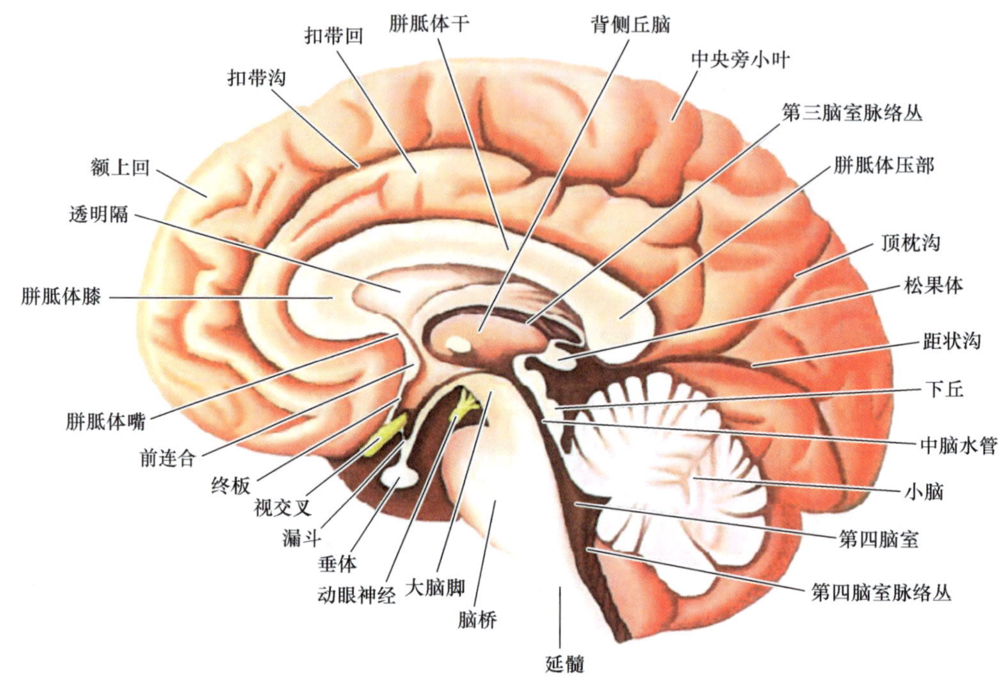

图 10-2-5　脑的正中矢状切面

延髓、脑桥和小脑之间围成的室腔为第四脑室。

脑干具有传导功能，神经核是参与反射活动的中枢，网状结构对保持大脑皮质的觉醒状态、调节肌紧张及内脏活动等具有重要作用。许多基本生命活动（如循环、呼吸等）的反射调节在延髓已能初步完成。临床观察和动物实验证明，延髓由于受压、穿刺等原因受伤时，可迅速造成死亡，因此有人称延髓为基本生命中枢。

2. 小脑

小脑位于颅后窝，通过其上、中、下三对小脑脚连于脑干的背面，其上方通过大脑横裂和小脑幕与大脑分隔。小脑的外形如图 10-2-6 所示。

（1）小脑的外形与结构

小脑位于延髓与脑桥的背侧、端脑后部的下方。小脑两侧的膨大部分称为小脑半球，中间缩窄的部分称为小脑蚓。小脑的表层为灰质，称为小脑皮质；深部为白质，其中埋藏的灰质核团称为小脑核。

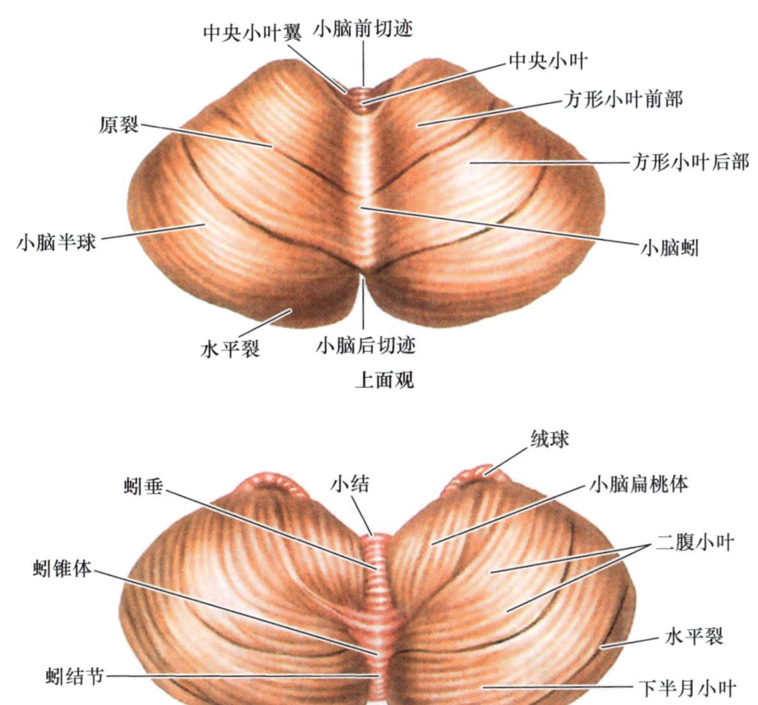

图 10-2-6　小脑的外形

（2）小脑的功能

根据纤维联系不同，小脑可分为前庭小脑、脊髓小脑、皮层小脑三个功能分区。

前庭小脑的主要作用为调节躯干肌运动，协调眼球运动以及维持身体平衡。脊髓小脑主要调节肌张力。皮层小脑主要调控骨骼肌的随意、精细运动。

运动信息从联络皮质传至脑桥后，又传至对侧小脑半球，再经丘脑投射至运动皮质，构成内反馈环路。同时小脑又接收头颈、躯干、四肢运动过程中的运动感觉信息反馈，此为外反馈。小脑汇聚、比较、整合两方面的信息，及时觉察运动指令与运动实施之间的误差，经小脑、大脑反馈，修正大脑皮质运动区有关的起始、方向、速度或终止的指令，并经小脑传出，联系影响各级下行通路，使运动意念得以精确实现。

如果王某出现小脑梗死，他的临床表现和典型体征会是什么？

3. 间脑

间脑位于中脑与端脑之间，连接大脑半球和中脑。大脑半球高度发展，掩盖了间脑的两侧和背面，间脑仅腹侧的视交叉、灰结节、漏斗、垂体和乳头体露于脑底。间脑包括背侧丘脑、后丘脑、上丘脑、底丘脑和下丘脑五个部分。间脑的正中矢状切面及背面如图 10-2-7 和图 10-2-8 所示。

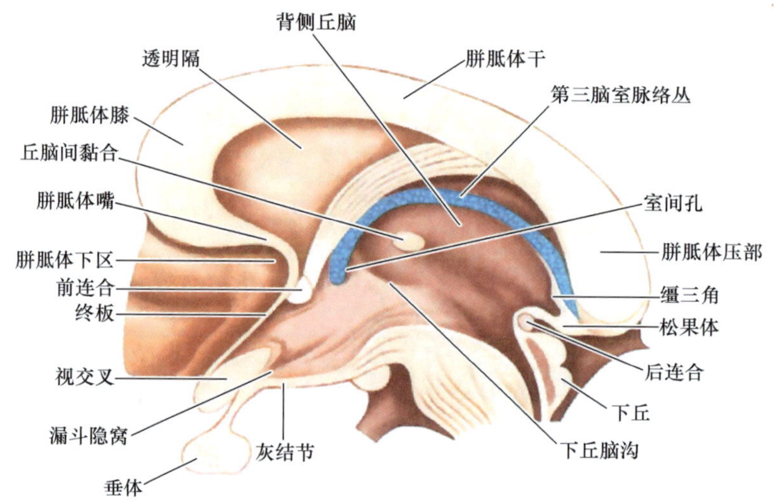

图 10-2-7　间脑的正中矢状切面

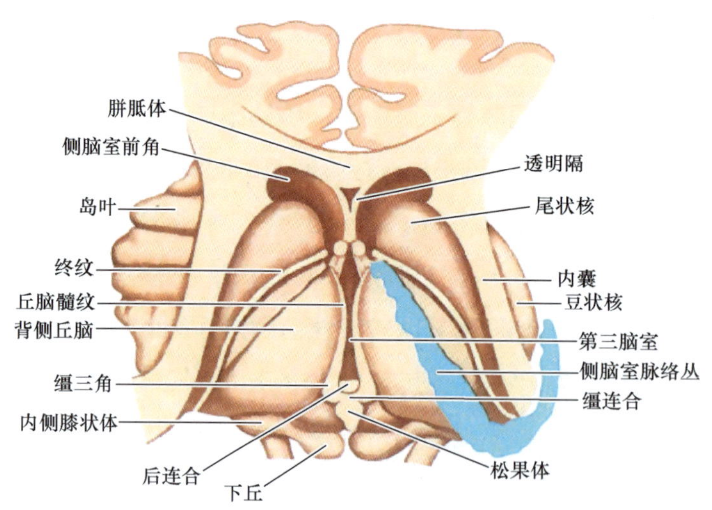

图 10-2-8　间脑背面

虽然间脑的体积不到中枢神经系统的 2%，但其结构和功能却十分复杂，是仅次于端脑的中枢高级部位。丘脑与全身的浅、深感觉密切相关。丘脑是感觉传导的接替站，丘脑内只对感觉进行粗糙的分析与综合，大脑皮层才对感觉进行精细的分析与综合。下丘脑是大脑皮层调节内脏活动的高级中枢，它把内脏活动与其他生理活动联系起来，调节体温、摄食、水平衡和内分泌腺活动等重要的生理活动及现象。有研究表明，下丘脑参与情感、学习与记忆等脑的高级神经（精神）活动。

4. 端脑

端脑是脑的最高级部位，由左、右大脑半球，半球间连合纤维及内腔构成。

（1）端脑的外形和分叶

端脑是脑的最大部分，与间脑合称大脑。端脑在颅内发育时，由于端脑的高度发育，大脑半球的表面积迅速增大，增大速度较颅骨快。而且大脑半球内各部发育速度不均，发育快的部分则隆起，发育慢的部分则陷入，因而形成凹凸不平的外表。凹陷处称为大脑沟，沟之间形成长短大小不一的隆起，称为大脑回。人脑的这些沟回有明显的个体差异，即使在同一脑的两个半球之间也存在不同。

端脑包括左右两个大脑半球。两个脑半球之间有大脑纵裂，在大脑纵裂的底部有一连接两半球的横行纤维束，称为胼胝体。每个大脑半球均有外侧面（见图 10-2-9）、内侧面和下面三个面。每个大脑半球由外侧沟、中央沟和顶枕沟三条沟分为五个大脑叶。五个大脑叶为额叶、顶叶、枕叶、颞叶和岛叶，如图 10-2-10 所示。大脑半球重要的回有：中央前回，为第一躯体运动区；中央后回，为第一躯体感觉区；颞横回，为听区；扣带回与海马旁回，两者参与边缘系统的组成，边缘系统与内脏活动、情绪和记忆等有密切关系。

（2）端脑的内部结构

大脑半球的表层为灰质（称为大脑皮质），深部为白质（称为大脑髓质），内藏有基底核。大脑半球内的腔室称为侧脑室。大脑皮质主要由大量的神经元及神经胶质细胞构成，有丰富的血管。大脑半球各部的皮质厚薄不一，平均厚度为 2 ~ 3 mm。大脑皮质具有分析与综合的功能，是思维活动的物质基础。

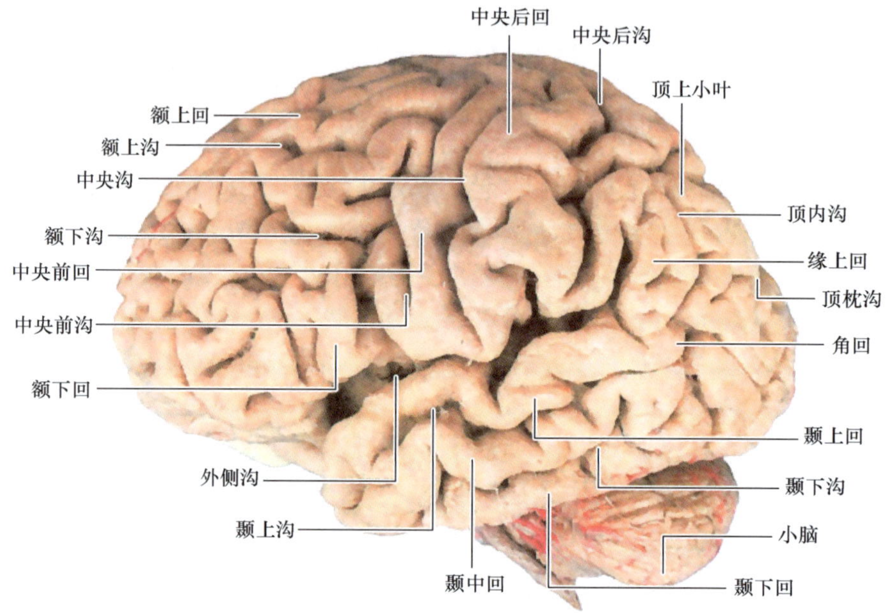

图 10-2-9　大脑半球外侧面

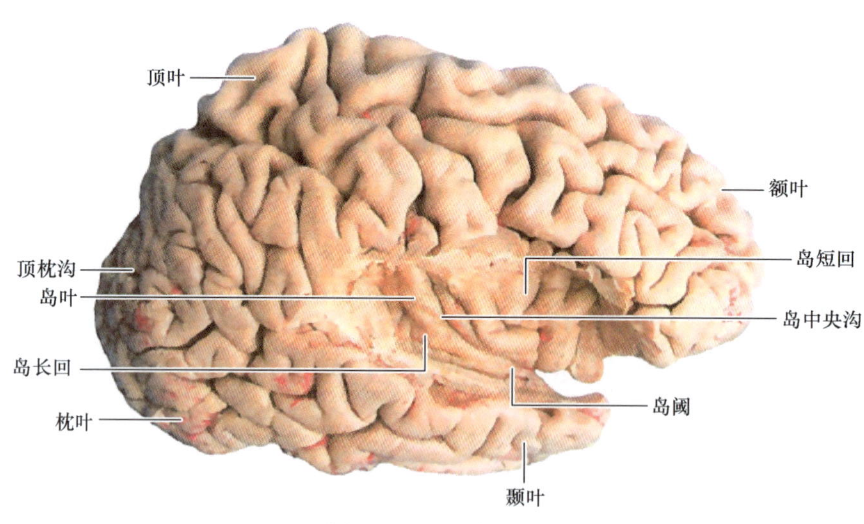

图 10-2-10　大脑叶

基 底 核

1. 基底核的功能

基底核也称基底神经节，位于大脑白质深部，主要由尾状核、豆状核、屏状核和杏仁核组成，另外红核、黑质等也参与基底核系统的组成。基底核与大脑皮质及小脑协同调节随意运动、肌张力和姿势反射，也参与复杂行为的调节。此外，基底核还与自主神经的调节、感觉传入、心理行为和学习记忆等功能活动有关。

2. 与基底核损伤有关的疾病

基底核病变可产生两类运动障碍性疾病：一类是肌紧张过强而运动过少，如帕金森病；另一类是肌紧张不全而运动过多，如亨廷顿病和手足徐动症。

情景提示

王某肌张力正常，左侧偏身感觉减退。根据所学知识判断他是否可能存在内囊损伤。

（3）端脑的功能

人类的大脑是在长期进化过程中发展起来的思维和意识的器官。人类大脑皮层是实现中枢神经系统感觉功能的最高级部位，特异性投射系统的各种感觉冲动上传到大脑皮层的特定区域，通过大脑皮层精细的分析与综合后，产生特定的感觉。机体的随意运动只有在神经系统对骨骼肌的支配保持完整的条件下才能发生，而且必须受大脑皮层的控制。

1）学习与记忆

学习与记忆是大脑的重要功能之一。研究证实，大脑中的边缘系统在进化上是脑的古老部分，它与内脏调节、情绪反应和性活动等有关，在维持个体生存和种族延续方面发挥重要作用。同时，边缘系统特别是海马与机体的高级精神活动中的学习与记忆密切相关。

情景提示

王某如果出现海马受损，会出现哪些临床症状？

2）睡眠

睡眠是一种重要的生理现象和必要的生理过程。睡眠能使机体消除疲劳，恢复体力和精力，然后保持良好的觉醒状态以提高工作效率。成人一般每天需要睡 7 ~ 9 小时，婴儿需要睡 18 ~ 20 小时，小儿需要睡 12 ~ 14 小时，而老人仅需睡 5 ~ 7 小时。睡眠时人体许多生理功能会发生变化，一般表现为：嗅、视、听、触等感觉功能减退；骨骼肌的肌紧张减弱，腱反射减弱；出现一系列植物性神经系统功能的变化，如瞳孔缩小、心率减慢、血压降低、呼吸变慢、尿量减少、代谢率降低、体温下降、发汗增多、胃液分泌增多而唾液分泌减少等。

3）大脑皮质的功能定位

大脑皮质是脑最重要的部分，是高级神经活动的物质基础。机体各种功能活动的最高中枢在大脑皮质上都有定位关系，这些重要中枢只是执行某种功能的核心部分。例如，中央前回主要管理全身骨骼肌运动，但也接收部分的感觉冲动；中央后回主要管理全身感觉，但刺激它也可引起少量运动。除了具有特定功能的中枢外，还存在着广泛的对各种信息进行加工和整合的脑区（称为联络区），它们不局限于某种功能，而是可以完成高级的神经(精神)活动。联络区在高等动物身上有显著增加。

①第一躯体运动区。该区对骨骼肌运动的管理有一定的局部定位关系。其特点为：上下颠倒，但头部是正的，中央前回最上部和中央旁小叶前部与下肢、会阴部运动有关，中部与躯干和上肢的运动有关，下部与面、舌、咽、喉的运动有关；左右交叉，即一侧运动区支配对侧肢体的运动，但一些与联合运动有关的肌（如眼球外肌、咽肌、咀嚼肌等）则受两侧运动区的支配；身体各部分投射范围的大小与各部形体大小无关，而是取决于功能的重要性和复杂程度。

②第一躯体感觉区。第一躯体感觉区接收背侧丘脑腹后核传来的对侧半身痛、温度、触、压以及位置和运动觉，身体各部在此区的投射特点是：上下颠倒，但头部是正的；左右交叉；身体各部在该区投射范围的大小也取决于该部感觉敏锐程度，例如，手指和唇的感受器最密，它们在感觉区的投射范围就最大。

③第二躯体运动区和第二躯体感觉区。人类还有第二躯体运动区和第二躯体感觉区，它们均位于中央前回和中央后回下面的岛盖皮质，与对侧上肢、下肢运动和双侧躯体感觉（以对侧为主）有关。

④第一视区。第一视区局部定位关系特点是距状沟上方的视皮质接收上部视网膜传来的冲动，下方的视皮质接收下部视网膜传来的冲动。距状沟后 1/3 上方、下

方接收黄斑区传来的冲动。一侧视觉区接收双眼同侧半视网膜传来的冲动，主司双眼对侧半视野的视觉。损伤一侧视觉区可引起双眼对侧视野偏盲，称为同向性偏盲。

⑤第一听区。每侧的第一听区都接收来自两耳的冲动，因此一侧第一听区受损不致引起全聋。

⑥平衡觉区。平衡觉区位于中央后回下端、头面部感觉区的附近。但关于此中枢的位置存有争议。

⑦嗅觉区。嗅觉区在海马旁回钩的内侧及其附近。

⑧味觉区。味觉区在舌和咽的一般感觉区附近。

⑨内脏活动中枢。内脏活动中枢位于边缘叶，在该叶的皮质区可找到各种内脏活动的代表区。因此，边缘叶是内脏神经功能调节的高级中枢。

⑩语言中枢。人类大脑皮质与动物大脑皮质的本质区别是前者能进行思维等高级活动，并进行语言的表达，故在人类大脑皮质上具有相应的语言中枢，如说话、阅读和书写等中枢。

运动性语言区又称 Broca 区，主管说话功能。若其受损，患者虽能发音，却不能说出具有意义的语言，这称为运动性失语症。

书写区紧靠中央前回管理上肢特别是手肌的运动区。此中枢主管书写功能。若其受损，患者虽然手的运动功能仍然保持，但写字、绘图等精细动作发生障碍，这称为失写症。

听觉性语言区能使人调整自己的语言并听到、理解别人的语言。若其受损，患者虽能听到别人讲话，但不理解所讲的意思，而且自己讲的话意思混乱而割裂，答非所问，即不能正确回答问题和正常说话，这称为感觉性失语症。

视觉性语言区又称阅读中枢，靠近视觉区。此中枢与对文字的理解和认知功能密切相关。若其受损，患者虽视觉无障碍，但不能阅读原来认识的字，也不理解文字符号的意义，这称为失读症。

情景提示

王某神志清楚，话语流利，理解力、判断力正常，由此判断王某不存在言语障碍。

5. 脑的被膜及脑脊液

脑的被膜由外向内依次为硬脑膜、脑蛛网膜和软脑膜。

（1）硬脑膜

硬脑膜由外层的颅骨内膜和内层的硬膜合成。硬脑膜的血管和神经行于这两层之间。一般硬脑膜与颅盖骨结合较松，因而发生颅盖外伤、硬脑膜血管破裂时，易在颅骨与硬脑膜间形成硬膜外血肿。而硬脑膜与颅底骨结合紧密，当颅底骨骨折时，硬脑膜和脑蛛网膜容易同时被撕裂，使脑脊液外漏。

（2）脑蛛网膜

脑蛛网膜薄而透明，无血管和神经，包绕整个脑，但不深入脑沟内。该膜与硬脑膜间有潜在的间隙，易分离。其与软脑膜之间有许多结缔组织小梁相连，其间为蛛网膜下隙，内含脑脊液和较大的血管。该隙通过枕骨大孔处与脊髓蛛网膜下隙相通。此隙在某些部位较宽大，称为蛛网膜下池。在小脑与延髓之间有小脑延髓池，临床上可经枕骨大孔进针做小脑延髓池穿刺。在上矢状窦附近，脑蛛网膜呈颗粒状突入窦内，称为蛛网膜粒。脑脊液通过这些颗粒渗入硬脑膜窦内，回流入静脉。

（3）软脑膜

软脑膜紧贴脑的表面，随血管伸入脑的实质中，对脑有营养性作用。在脑室附近，软脑膜、毛细血管和室管膜上皮共同突入脑室内构成脉络丛，它是产生脑脊液的主体。

（4）脑脊液

脑脊液是充满脑室和蛛网膜下隙的无色透明液体，成人脑脊液总量约 150 mL。它处于不断产生、循环和回流的动态平衡状态。脑脊液循环发生障碍可引起脑积水或颅内压增高。脑脊液可运送营养物质，带走代谢产物，缓冲压力，减少震荡，保护脑和脊髓。正常脑脊液有恒定的化学成分和细胞数，脑的某些疾病可引起脑脊液成分的改变，因此临床上可通过检查脑脊液协助诊断。

6. 脑的血管

脑是体内代谢最旺盛的部位，因而血液供应十分丰富。脑的平均重量仅占体重的 2%，但脑的血流量占心搏出量的 1/6，氧耗量占全身氧耗量的 20%。因此，脑细胞对缺血、缺氧非常敏感，脑血流被阻断 5 秒即可引起意识丧失，被阻断 5 分钟可导致脑细胞不可逆的损害。如果供应脑的血管发生病变致使脑部血流量减少或中断，可导致脑细胞的缺氧、水肿或坏死。

(1) 脑的动脉

脑的动脉主要来自颈内动脉和椎动脉，前者供应大脑半球前 2/3 和部分间脑，后者供应大脑半球后 1/3、间脑后部、小脑和脑干。二者都发出皮质支和中央支，皮质支供应端脑和小脑的皮质及浅层髓质，中央支供应间脑、基底核及内囊等。

颈内动脉起自颈总动脉，自颈内动脉管入颅后，向前穿过海绵窦，至视交叉外侧，分为大脑前动脉和大脑中动脉等分支。大脑中动脉粗大，其血流量占大脑半球血流量的 80%，其皮质支供应许多重要中枢，而中央支又供应内囊等处，一旦大脑中动脉发生栓塞或破裂，都可产生严重的临床症状。患有动脉硬化和高血压的病人，这些动脉容易破裂，如此可导致严重的脑出血，使患者出现严重的功能障碍，因此这些动脉有“出血动脉”之称。

情景提示

王某头颅 CT 显示右侧基底节区脑梗死，就是由于供血于该部位的右侧大脑中动脉狭窄或者发生了堵塞，导致患者出现典型的脑梗死的临床表现——运动、感觉功能障碍。若左侧大脑中动脉堵塞，还会影响语言功能。

(2) 脑的静脉

脑的静脉不与动脉伴行，可分为浅、深静脉，它们都注入硬脑膜窦，如图 10-2-11、图 10-2-12 所示。

1) 浅静脉

浅静脉管壁无瓣膜和平滑肌，较薄，主要有大脑上静脉、大脑中静脉和大脑下静脉。三者相互吻合成网，分别注入上矢状窦、海绵窦和横窦等。

2) 深静脉

深静脉汇集大脑髓质、基底核、间脑和脑室脉络丛的静脉血，将其注入大脑大静脉，再注入直窦。

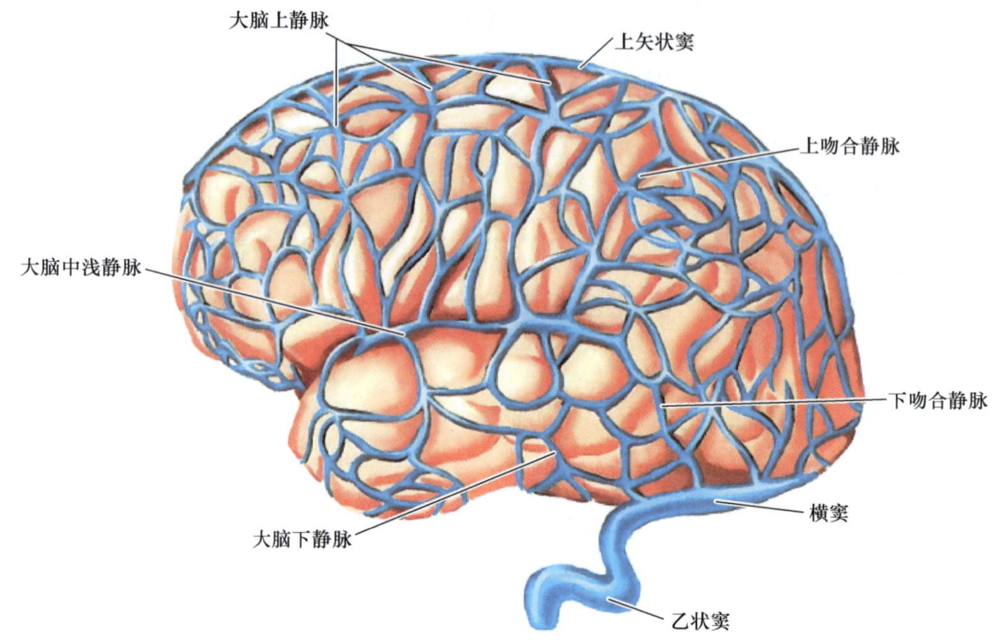

图 10–2–11　脑的静脉（浅组）

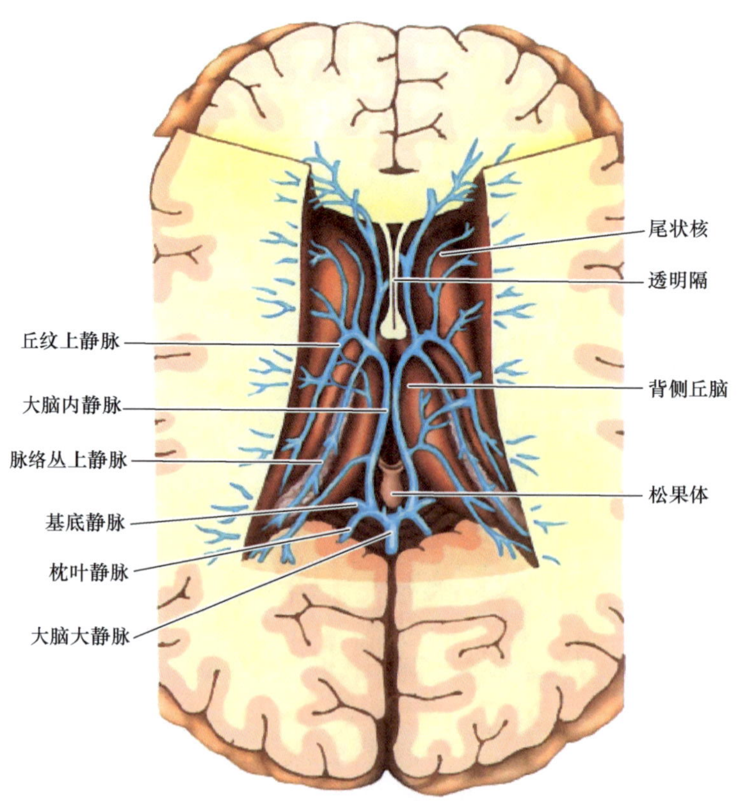

图 10–2–12　脑的静脉（深组）

课题三
周围神经系统

学习目标

- 掌握脊神经、脑神经的构成，以及正中神经、尺神经、桡神经损伤后的表现。
- 熟悉颈丛、臂丛、腰丛、骶丛的组成和位置，以及内脏神经的组成及功能。

一、脊神经

1. 脊神经的结构

脊神经是连接脊髓的周围神经，共 31 对。每对脊神经连接一个脊髓节段，由前根和后根组成。前根连接脊髓前外侧沟，由运动性神经根丝构成；后根连接脊髓后外侧沟，由感觉性神经根丝构成。前根和后根在椎间孔处合为一条脊神经，由此成为既含感觉纤维又含运动纤维的混合神经。脊神经的组织、分支和分布如图 10-3-1 所示。

2. 脊神经中重要的神经丛

（1）颈丛

颈丛由第 1 ~ 4 颈神经前支相互交织而成，如图 10-3-2 所示。颈丛位于胸锁乳突肌上部的深面，中斜角肌和肩胛提肌起始端前方。颈丛的分支可以分为三类，即分布于皮肤的皮支、至深层肌的肌支以及与其他神经相连的交通支。

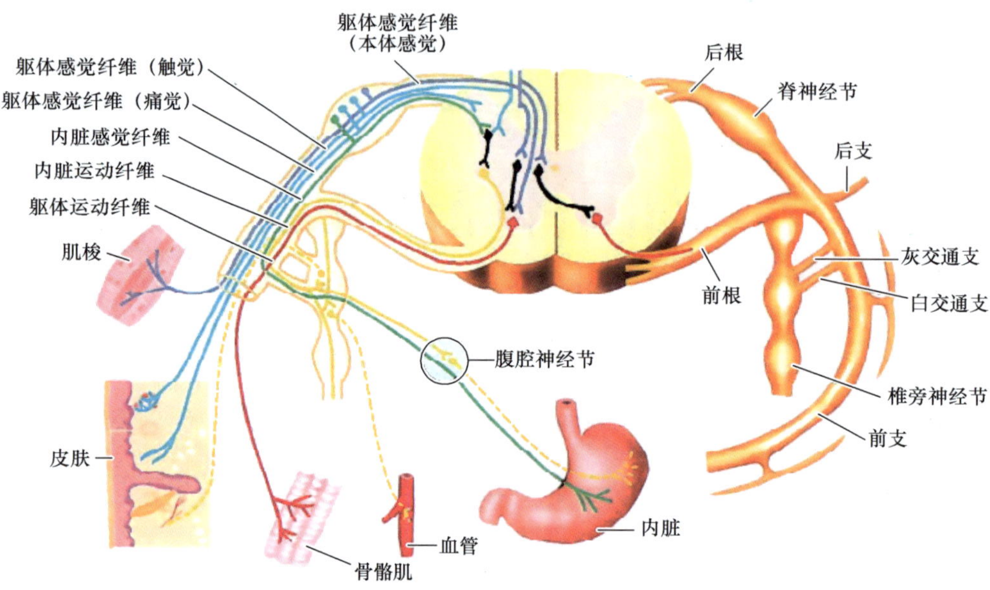

图 10-3-1　脊神经的组织、分支和分布

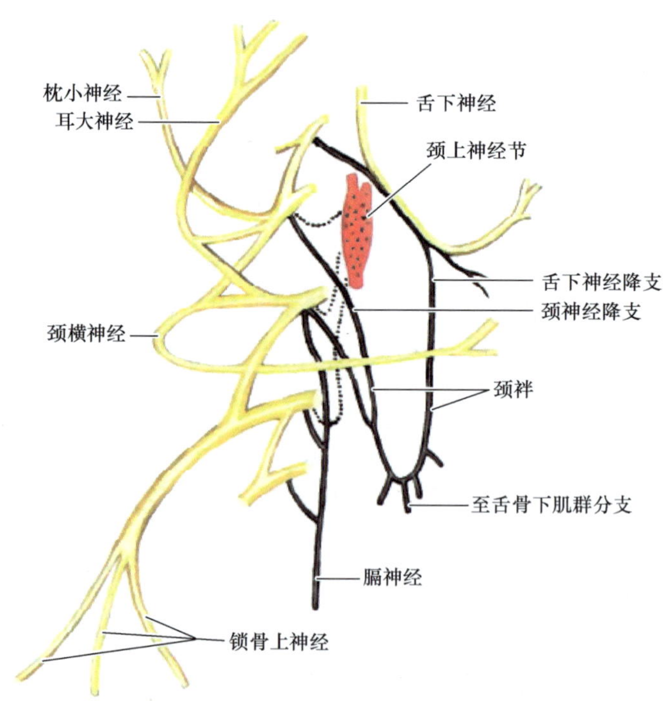

图 10-3-2　颈丛的组成

知识补给站

呃 逆

呃逆是不自主的膈痉挛引起的一种临床表现，可发于单侧或双侧的膈。膈不自主的间歇性收缩运动会使膈突然下移，空气被快速吸入呼吸道内，而声门或气管上端的声带迅急关闭，遂产生一种特有的声音。

健康者进食、饮水过快或过多使胃骤然扩张，大笑、饮酒或姿势体位改变时，肋间肌或膈所承受的压力骤然改变都可导致呃逆，这种呃逆多自行消退。

由中枢性、周围神经性、中毒性疾病导致的呃逆主要由迷走神经与膈神经受刺激所致。明确病因之后，首先应针对病因进行治疗，如对脑出血、蛛网膜下腔出血、脑梗死、脑干炎、脑肿瘤及脑外伤进行治疗，又如对消化管疾病进行治疗。同时，也应进行必需的对症处理。

偶发的呃逆一般不需要处理，可自行消失。对较顽固者可采用药物或手术治疗方法处理。

（2）臂丛

1）臂丛的组成和位置

臂丛由第 5～ 8 颈神经前支和第 1 胸神经前支的大部分纤维交织汇集而成，如图 10-3-3 所示。该神经丛主要先经斜角肌间隙向外侧穿出，继而在锁骨后方行向外下，进入腋窝。臂丛的主要分支多发源于臂丛内侧束、臂丛外侧束和臂丛后束这三条神经束。

2）臂丛的分支

与其他脊神经丛相比，臂丛的分支最多，分支的分布范围也十分广泛。其主要分支有：

①腋神经。腋神经从臂丛后束发出，与旋肱后血管伴行向后外方向，穿过腋窝后壁的四边孔后，绕肱骨外科颈至三角肌深面，发出分支支配三角肌和小圆肌。肱骨外科颈骨折、肩关节脱位和使用腋杖不当所致的重压，都有可能造成腋神经的损伤，导致三角肌瘫痪。此时表现为臂不能外展，肩部和臂外上部皮肤感觉障碍。由于三角肌萎缩，病人肩部亦失去圆隆的外形。

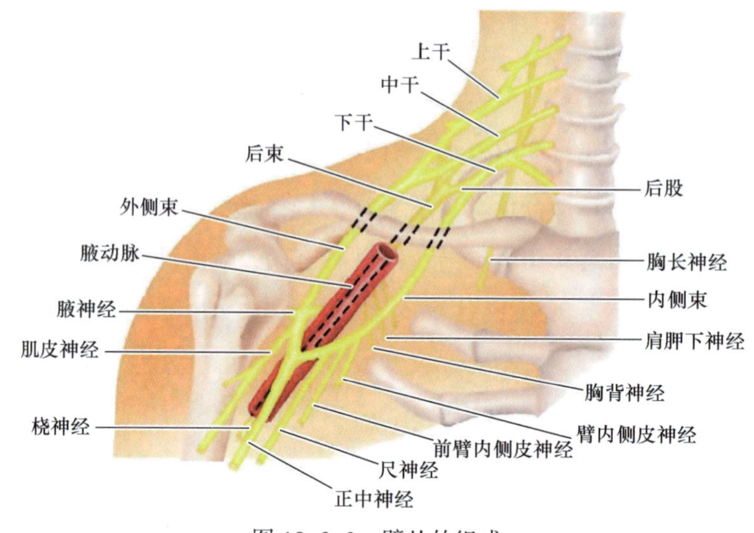

图 10-3-3 臂丛的组成

②正中神经。正中神经由分别发自臂丛内侧束和外侧束的内侧根和外侧根汇合而成。正中神经在前臂的分布范围较广，支配除肱桡肌、尺侧腕屈肌和指深屈肌尺侧半以外的所有前臂屈肌、旋前圆肌和旋前方肌。正中神经极易在前臂和腕部受外伤时损伤，此时出现该神经分布区的功能障碍。在腕管内，正中神经也易因周围组织的炎症、肿胀和关节的病变而受压损伤，出现腕管综合征，表现为鱼际肌萎缩，手掌变平呈猿掌状，如图 10-3-4c 和 d 所示。同时，桡侧三个半手指掌面皮肤及桡侧半手掌出现感觉障碍。

③尺神经。尺神经在臂部不发出任何分支，在前臂上部发出肌支支配尺侧腕屈肌和指深屈肌尺侧半。尺神经容易受到损伤的部位包括肘部肱骨内上髁后方、尺侧腕屈肌起点处和豌豆骨外侧。以上部位的尺神经受到损伤时，运动障碍主要表现为屈腕力减弱，无名指和小指远指间关节不能屈曲，小鱼际肌和骨间肌萎缩，拇指不能内收，各指不能相互靠拢，同时掌指关节过伸，出现“爪形手”，如图 10-3-4b 所示。感觉障碍则表现为手掌和手背内侧缘皮肤感觉丧失。若在豌豆骨处受损，由于手的感觉支早已发出，所以手的皮肤感觉不受影响，主要表现为骨间肌的运动障碍。

④桡神经。桡神经为臂丛后束发出的神经分支，分布于手背桡侧半皮肤和桡侧两个半手指近节背面的皮肤。桡神经在肱骨中段和桡骨颈处骨折时最易发生损伤。在臂中段的后方，桡神经紧贴肱骨的桡神经沟走行，因此肱骨中段或中、下 1/3 交界处骨折容易合并桡神经的损伤，导致前臂伸肌群的瘫痪，表现为抬前臂时呈垂腕

状，如图 10-3-4a 所示，同时第 1、第 2 掌骨间背面皮肤感觉障碍明显。桡骨颈骨折时，可损伤桡神经深支，出现伸腕无力、不能伸指等症状。

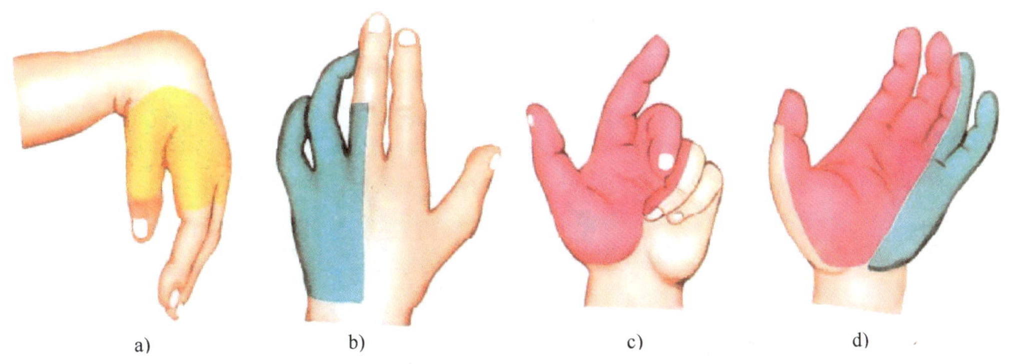

图 10-3-4 桡神经、尺神经、正中神经损伤的手形

a）垂腕 b）爪形手 c）正中神经损伤手 d）猿掌

（3）胸神经前支

胸神经前支共有 12 对。第 1 ~ 11 对均位于相应的肋间隙中，称为肋间神经；第 12 对胸神经前支位于第 12 肋的下方，故名肋下神经。胸神经前支分布于胸壁、腹壁的肌和皮肤中。临床工作中，可以根据躯体皮肤感觉障碍的发生区域来分析和推断具体的受损胸神经，同时也可以在明确具体的受损胸神经后，推知躯干皮肤感觉障碍的分布区。

（4）腰丛

腰丛由第 12 胸神经前支的一部分、第 1 ~ 3 腰神经前支及第 4 腰神经前支的一部分组成，如图 10-3-5 所示。腰丛位于腰大肌深面、腰椎横突的前方。该丛发出的分支除就近支配位于附近的髂腰肌和腰方肌外，还发出许多分支分布于腹股沟区、大腿前部和大腿内侧部。腰丛的主要分支有髂腹下神经、髂腹股沟神经、股外侧皮神经、股神经、闭孔神经、生殖股神经，其中股神经是腰丛发出的最大分支。股神经在股三角内发出数条分支，主要分布于髂肌、耻骨肌、股四头肌和缝匠肌。股神经受损后的主要表现有：屈髋无力，坐下时不能伸膝，行走困难，膝跳反射消失，大腿前面和小腿内侧面皮肤感觉障碍。

（5）骶丛

骶丛由来自腰丛的腰骶干和所有骶神经、尾神经前支组成。从参与组成的脊神经数目来看，骶丛是全身最大的脊神经丛。

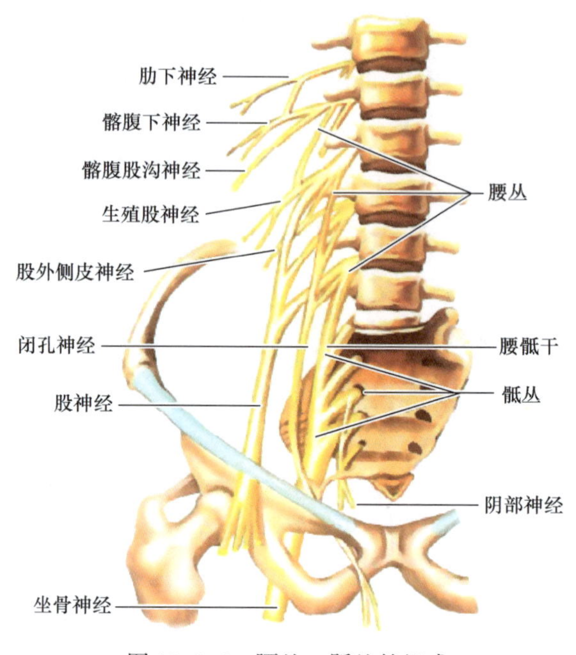

图 10-3-5　腰丛、骶丛的组成

知识补给站

坐骨神经痛

坐骨神经痛是由坐骨神经原发性或继发性损害所产生的，沿坐骨神经通路及其分布区阵发或持续性疼痛的综合征，多从臀部向大腿后侧、小腿外侧及足背外侧放射。腰椎间盘突出症是导致坐骨神经痛的主要原因之一。

一般认为，腰椎间盘突出引起坐骨神经痛的发病机制为突出的髓核压迫和过度牵伸脊神经根所致。在脊神经根部位，神经外膜组织极不发达，没有弹性缓冲作用，受到髓核机械性压迫，因而神经根常易损伤，遂沿神经根产生放射性疼痛。其主要表现为疼痛自腰部向一侧臀部、大腿后侧、小腿后外侧直至足背放射，腰骶部、脊柱有固定而明显的压痛、叩痛，小腿外侧、足背感觉减退，膝跳反射、跟腱反射减退或消失，咳嗽或打喷嚏等导致腹压增加时疼痛加重。

二、脑神经

脑神经是与脑相连的周围神经，共 12 对。按脑神经与脑相连部位的先后顺序，用罗马数字作为其序号，脑神经可依次描述为：Ⅰ嗅神经、Ⅱ视神经、Ⅲ动眼神经、Ⅳ滑车神经、Ⅴ三叉神经、Ⅵ展神经、Ⅶ面神经、Ⅷ前庭蜗神经、Ⅸ舌咽神经、Ⅹ迷走神经、Ⅺ副神经和Ⅻ舌下神经。脑神经的纤维成分要比脊神经复杂，根据脑神经所含的纤维成分不同，可将其分为运动性脑神经（Ⅲ，Ⅳ，Ⅺ，Ⅻ）、感觉性脑神经（Ⅰ，Ⅱ，Ⅷ）和含感觉、运动纤维的混合性脑神经（Ⅴ，Ⅶ，Ⅸ，Ⅹ），如图 10-3-6 所示。

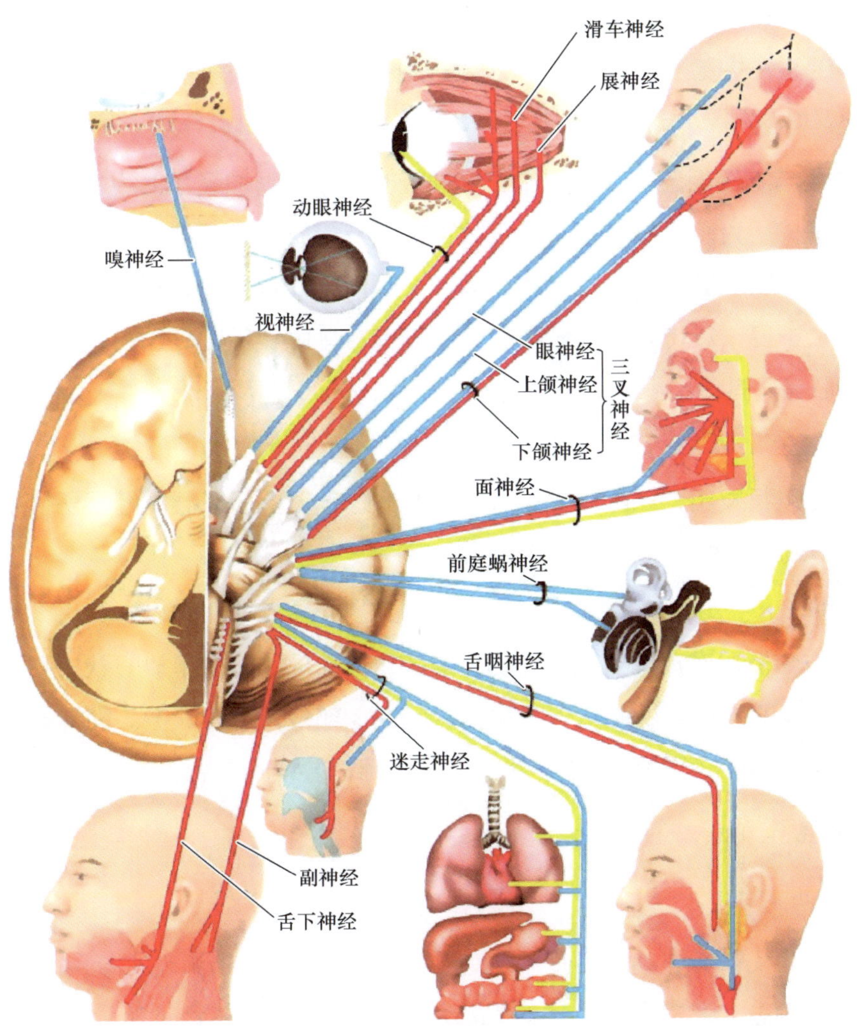

图 10-3-6 脑神经的组成

1. 嗅神经

嗅神经为特殊内脏感觉纤维，始于鼻腔嗅黏膜，形成二十多条嗅丝，穿过筛孔，入颅前窝连于嗅球，传导嗅觉。

2. 视神经

视神经为传导视觉信息的特殊躯体感觉纤维，由节细胞轴突于视网膜后部集中形成视神经盘，然后穿巩膜筛板后形成视神经，传导视觉冲动。

3. 动眼神经

动眼神经由中脑发出，入眶，支配大部分控制眼球运动的肌和上睑提肌。动眼神经还含副交感纤维，支配眼球的睫状肌和瞳孔括约肌。

4. 滑车神经

滑车神经也由中脑发出，入眶，支配一块控制眼球运动的肌。

5. 三叉神经

三叉神经与脑桥相连，有扁平的三叉神经节，发出眼神经、上颌神经和下颌神经三大支。眼神经为感觉神经，分布于眼球，以及上睑、额顶部等处。上颌神经也是感觉神经，分布于鼻腔黏膜、上颌牙齿和牙龈，以及睑裂与口裂之间的皮肤。下颌神经为混合神经，其传入纤维分布于下颌牙齿、牙龈、舌前 2/3 的黏膜及面部口裂以下的皮肤等，其传出纤维支配咀嚼肌。

6. 展神经

展神经由脑桥发出，入眶，支配一块控制眼球运动的肌。展神经损伤可引起外直肌瘫痪，造成内斜视。

7. 面神经

面神经与脑桥相连，大部分为传出纤维。它在面部的分支呈放射状排列，支配面肌。面神经中的味觉纤维分布于舌黏膜的前 2/3 部分，传导味觉。面神经中含有的副交感纤维主要分布于下颌下腺、舌下腺及泪腺，管理分泌活动。

知识补给站

面　瘫

面瘫是由支配面部肌肉的面神经受到损伤而引起的。面瘫发生后，患者面部两侧不对称，患侧不能做出面部表情动作，不能皱眉，不能闭眼，患侧闭嘴时颊肌松弛，口角下垂并向健侧歪斜，饮水或漱口时水会从口角流出；不能吹气、鼓腮，发唇齿音时吐字不清；许多患者在患侧的耳垂后部会有不同程度的疼痛和压痛，有的患者耳郭及外耳道会出现疱疹，严重的患者还会出现耳鸣、眩晕，严重影响个人的工作和生活。

8. 前庭蜗神经

前庭蜗神经在脑桥入脑，由传导平衡觉的前庭神经和传导听觉的蜗神经两部分组成。前庭神经分布于内耳的椭圆囊斑、球囊斑和壶腹嵴，传导平衡觉。蜗神经分布于内耳螺旋器，伴前庭神经入脑，传导听觉。前庭蜗神经损伤后表现为伤侧耳聋和平衡功能障碍，并伴有恶心、呕吐等症状。

9. 舌咽神经

舌咽神经与延髓相连，为含有 5 种纤维成分的混合性脑神经，其分支分布于咽及舌后 1/3 黏膜，传导一般感觉及味觉冲动，并连接颈动脉窦和颈动脉小球，参与血压和呼吸的反射性调节。舌咽神经中的副交感纤维分布于腮腺，管理腮腺的分泌。

10. 迷走神经

迷走神经与延髓相连，含有传出神经和传入神经。迷走神经是人体中最长、分布最广的脑神经，其分支主要分布于咽、喉、胸腔内所有器官、腹腔内消化管的大部分（到横结肠末端为止）以及肝、胰、肾、脾等器官。迷走神经分布于胸腔、腹腔内的神经纤维主要是副交感纤维，它们管理器官的运动和腺体的分泌，另外还有内脏传入纤维。

11. 副神经

副神经由延髓发出，为运动性神经，支配胸锁乳突肌及斜方肌。副神经损伤时，由于胸锁乳突肌和斜方肌瘫痪，病人头部会出现该二肌损伤的典型症状，即头不能向患侧侧屈且面部不能转向对侧，以及患侧肩胛骨下垂。

12. 舌下神经

舌下神经由延髓发出，为运动性神经，支配舌肌。一侧舌下神经完全损伤时，患侧半舌肌瘫痪，伸舌时舌尖偏向患侧。舌肌瘫痪时间过长会造成舌肌萎缩。

知识补给站

十二对脑神经记忆口诀

一嗅二视三动眼，四滑五叉六外展。

七面八听九舌咽，迷走副神舌下全。

三、内脏神经

内脏神经是神经系统的组成部分之一，按照分布部位的不同可分为中枢部和周围部。内脏神经和躯体神经一样，按照纤维的性质不同可分为运动性和感觉性两种。

内脏运动神经调节内脏、心血管等器官组织的运动及腺体的分泌，通常不受人的意识控制，是不随意的，故又称自主神经系统。又因它主要是控制和调节动植物共有的物质代谢活动，并不支配动物所特有的骨骼肌的运动，所以也称植物神经系统。

内脏感觉神经如同躯体感觉神经，内脏感觉神经传递的信息经中枢整合后，通过内脏运动神经调节相应器官的活动，从而在维持机体内外环境的动态平衡和机体正常生命活动中发挥重要作用。

思考与练习

1. 简述神经系统的组成。

2. 脑分为哪几部分？端脑和脑干各有什么功能？

3. 脊髓的主要功能有哪些？

4. 试述内脏运动神经和躯体运动神经的主要区别。

5. 用所学的神经系统基本知识解释情景引入中患者的临床表现，并对患者进行健康教育。

模块十一

生殖系统

生殖系统的主要功能是产生生殖细胞、繁殖后代、延续种族，以及分泌性激素、促进性发育。生殖系统分为男性生殖系统和女性生殖系统，包括内生殖器和外生殖器两部分。

情景引入

患者张某，70 岁，入住健康公寓 5 年。一周前无明显诱因开始出现发热，体温最高达 38.5 ℃，继而出现尿频、尿急、尿痛，夜尿次数多达 4 ~ 5 次，转入医院治疗。门诊检查结果为：尿道外口红肿，会阴部潮湿，小腹胀痛不适，患者主诉尿道小便时刺痛。B 超显示前列腺体积增大，膀胱内未发现结石。经诊断，张某患有前列腺增生。患者自发病以来，神志清醒，精神一般，饮食一般，尿频，大便正常，体重未明显减轻。

问题：

1. 如何利用生殖系统的知识解释此病？
2. 张某回到健康公寓后，应给他什么建议？

课题一
男性生殖系统

学习目标

- 熟悉男性生殖系统的组成以及所属各器官的位置和形态。
- 了解男性外生殖器的结构与功能。
- 掌握睾丸的功能。

男性内生殖器由生殖腺（睾丸）、输精管道（附睾、输精管、射精管、尿道）和附属腺（精囊、前列腺、尿道球腺）组成。睾丸产生精子和分泌雄激素，精子先储存于附睾内，当射精时经输精管、射精管和尿道排出体外。精囊、前列腺和尿道球腺的分泌液参与精液的组成，向精子提供营养，并有利于精子的活动。男性外生殖器为阴茎和阴囊。男性生殖系统如图 11–1–1 所示。

一、男性生殖系统的组成

1. 睾丸

睾丸位于阴囊内，左右各一，一般左侧略低于右侧，是产生精子和分泌雄激素的器官。睾丸呈微扁的卵圆形，表面光滑，分前后缘、上下端和内外侧面。睾丸及附睾（右侧）如图 11–1–2 所示。睾丸前缘游离，后缘有血管、神经和淋巴管出入，与附睾相连。上端被附睾头遮盖，下端游离。外侧面较隆凸，与阴囊壁相贴。内侧面较平坦，与阴囊中隔相依。成人睾丸重 10 ~ 15 g。新生儿的睾丸相对较大，性成熟期以前发育较慢，随着性成熟则发育迅速。老年人的睾丸萎缩变小。

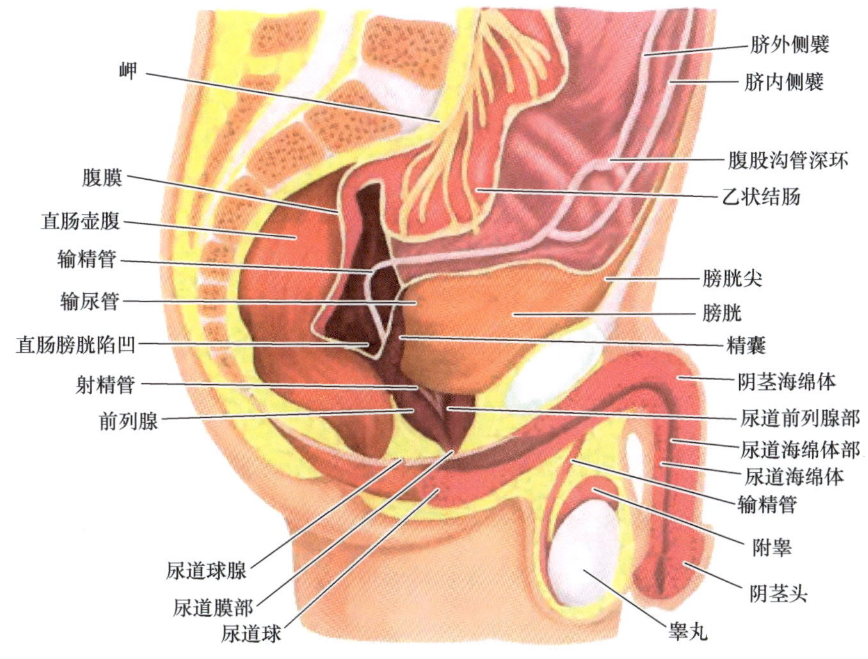

图 11-1-1　男性生殖系统

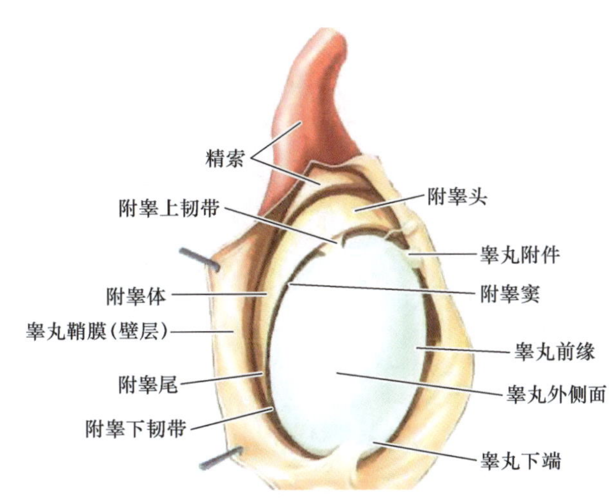

图 11-1-2　睾丸及附睾（右侧）

2. 附睾、输精管和射精管

（1）附睾

附睾呈新月形，由睾丸输出小管和迂曲的附睾管组成，紧贴睾丸上端和后缘。附睾分为上端膨大的附睾头、中部的附睾体和下端的附睾尾。睾丸输出小管进入附睾盘曲形成附睾头，而后汇合成一条附睾管。附睾管长约 6 cm，迂曲盘回形成附睾体和附睾尾。附睾尾向后上弯曲移行为输精管。

（2）输精管

输精管是附睾管的直接延续，长度约 50 cm，一般左侧较右侧稍长。其管壁较厚，肌层较发达。其管径约 3 mm，管腔窄小。活体触摸时，其呈坚实的圆索状。

输精管可分为四部分。一是睾丸部，它始于附睾尾，最短，较迂曲，沿睾丸后缘、附睾内侧行至睾丸上端。二是精索部，它位于睾丸上端与腹股沟管浅环之间，在精索内位于其他部分的后内侧。此段位置表浅，易于触及，为结扎输精管的理想部位。三是腹股沟管部，它全程位于腹股沟管的精索内。四是盆部，它是输精管最长的一段，始于腹股沟管深环，弯向内下，越过髂外脉、静脉，沿盆侧壁腹膜外行向后下，跨过输尿管末端前内方，至膀胱底的后面和直肠前面。两侧输精管在此逐渐接近，膨大形成输精管壶腹。膀胱、前列腺、精囊和尿道球腺如图 11–1–3 所示。输精管壶腹末端变细，穿过前列腺，与精囊的输出管汇合成射精管。

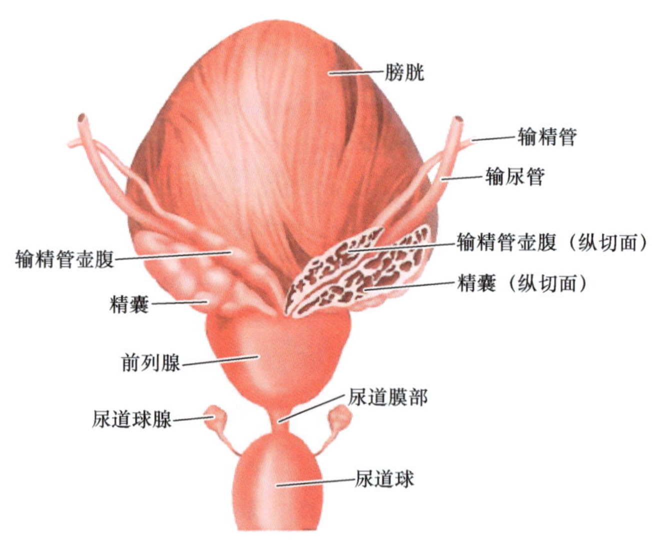

图 11–1–3　膀胱、前列腺、精囊和尿道球腺（后面观）

（3）射精管

射精管由输精管壶腹的末端与精囊的输出管汇合而成，长约 2 cm，向前下穿前列腺实质，开口于尿道前列腺部。前列腺和射精管纵切面如图 11–1–4 所示。射精管管壁有平滑肌纤维，能够产生有力的收缩，帮助精液排出。

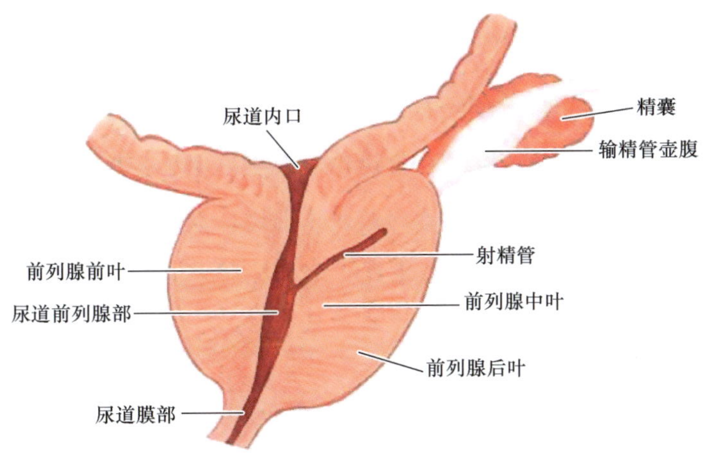

图 11-1-4　前列腺和射精管纵切面

3. 附属腺

（1）精囊

精囊又称精囊腺，为长椭圆形的囊状器官，表面凹凸不平，位于膀胱底的后方、输精管壶腹的下外侧。精囊左右各一，由迂曲的管道组成，其输出管与输精管壶腹的末端汇合成射精管。精囊分泌的液体是精液的组成部分。

（2）前列腺

前列腺是由腺组织和平滑肌组织构成的实质性器官，如图 11-1-5 所示。前列腺形似栗子，重 8 ~ 20 g，质韧，色淡红。其上端宽大为前列腺底，横径约 4 cm，前后径约 2 cm，垂直径约 3 cm，位于膀胱与尿生殖膈之间。下端尖细为前列腺尖，与尿生殖膈相贴。前列腺底与前列腺尖之间的部分为前列腺体。前列腺体的后面平坦，中间有一纵行浅沟，称为前列腺沟，临床直肠指诊可触及此沟，前列腺肥大时此沟消失。前列腺的分泌物是精液的主要组成部分。

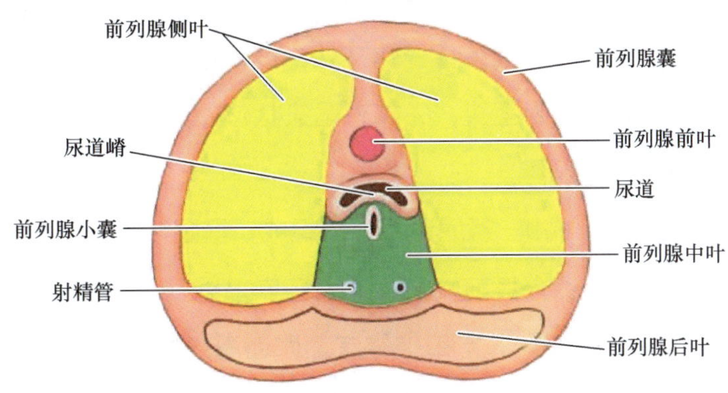

图 11-1-5　前列腺

知识补给站

前列腺临近尿道，前列腺肥大会导致尿道狭窄，出现排尿困难、尿痛等症状。当前列腺增生过大时，可能会出现排尿中断、少尿甚至无尿的情况。小儿前列腺较小，腺部不甚明显；青春期前列腺迅速生长发育成熟；中年以后腺部逐渐退化，结缔组织增生，常形成老年性前列腺肥大。前列腺肥大多发生在中叶和侧叶，压迫尿道，造成排尿困难甚至尿潴留。

情景提示

针对张某的情况，照护者应让他做到：多吃新鲜蔬菜水果，禁忌辛辣食物，多饮水，适当锻炼，勿久坐，戒烟戒酒，不适随诊。

（3）尿道球腺

尿道球腺是一对豌豆大的球形腺体，位于会阴深横肌内。其输出管开口于尿道球部。尿道球腺的分泌物是精液的组成部分，有利于精子的活动。

精液由输精管道各部及附属腺特别是前列腺和精囊的分泌物组成，内含精子。精液呈乳白色，为弱碱性。健康成年男性一次射精3～5 mL，含精子3亿～5亿个。每毫升精液精子数量少于2 000万个，受精机会会显著减少，低于400万个则不易受精。

4. 男性外生殖器

（1）阴茎

阴茎可分为头、体和根三部分。阴茎根埋藏于阴囊和会阴部皮肤深面，固定在耻骨下支和坐骨支。中部为阴茎体，呈圆柱状，被韧带悬于耻骨联合的前下方，为可动部。阴茎前端膨大，为阴茎头，尖端有呈矢状位裂隙的尿道外口，阴茎头与阴茎体交界的狭窄处称为阴茎颈。

阴茎由两条阴茎海绵体和一条尿道海绵体组成，呈圆柱状，如图11-1-6所示。阴茎海绵体位于阴茎的背侧，其前端变细，紧密嵌入阴茎头后面的凹陷内。其后端分开，分别附着于两侧的耻骨下支和坐骨支。尿道海绵体位于阴茎海绵体的腹侧，尿道贯穿其全体，其后端膨大形成尿道球。

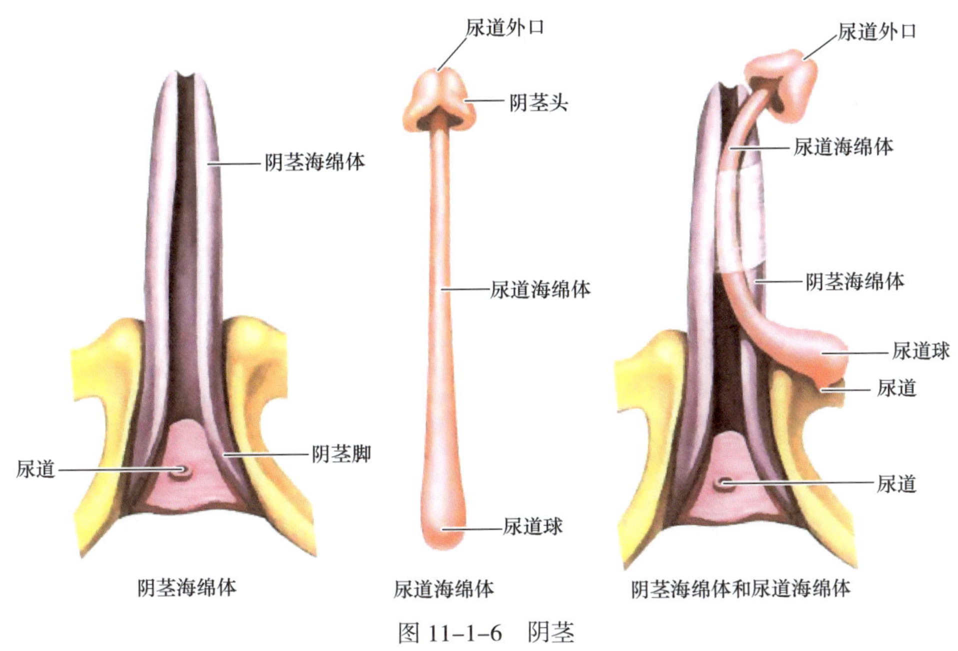

图 11-1-6　阴茎

知识补给站

包皮过长与包茎

包皮过长是指包皮覆盖尿道外口，但能上翻，露出尿道外口和阴茎头。幼儿包皮较长，包裹整个阴茎头。随着年龄的增长，包皮逐渐向后退缩，包皮口逐渐扩大，阴茎头显露于外。成年后，如果包皮不能退缩至完全暴露阴茎头，称为包皮过长；包皮口过小，包皮完全包着阴茎头称为包茎。此病与遗传有关。

包皮过长可分为真性包皮过长和假性包皮过长。真性包皮过长是阴茎勃起后阴茎头也不能完全外露。假性包皮过长是指平时阴茎头不能完全外露，但在阴茎勃起后可以完全外露。包皮过长的患者应当及早进行包皮环切术治疗。对于不发炎的包皮过长，只要经常将包皮上翻清洗，也可不必手术。

对于包茎来说，一方面包皮与阴茎头之间易积存包皮垢，可引起炎症或诱发阴茎癌；另一方面包皮可在性生活时进入女性生殖管道，引起对方炎症或诱发癌症。

对包茎和包皮过长者，提倡婚前做包皮环切术，经治疗后再开始性生活。

（2）阴囊

阴囊是位于阴茎后下方的皮肤囊袋，由皮肤和肉膜组成，如图 11-1-7 所示。阴囊皮肤薄而柔软，颜色较深，有少量阴毛，其皮脂腺分泌物有特殊气味。肉膜为浅筋膜，与腹前外侧壁的筋膜和会阴部的筋膜相接续，内含平滑肌纤维，随外界温度变化而伸缩，以调节阴囊内的温度，有利于精子的发育与生存。阴囊皮肤表面沿中线有纵行的阴囊缝，对应的肉膜向深部生出阴囊中隔，将阴囊分为左、右两腔，容纳两侧的睾丸、附睾及精索等。

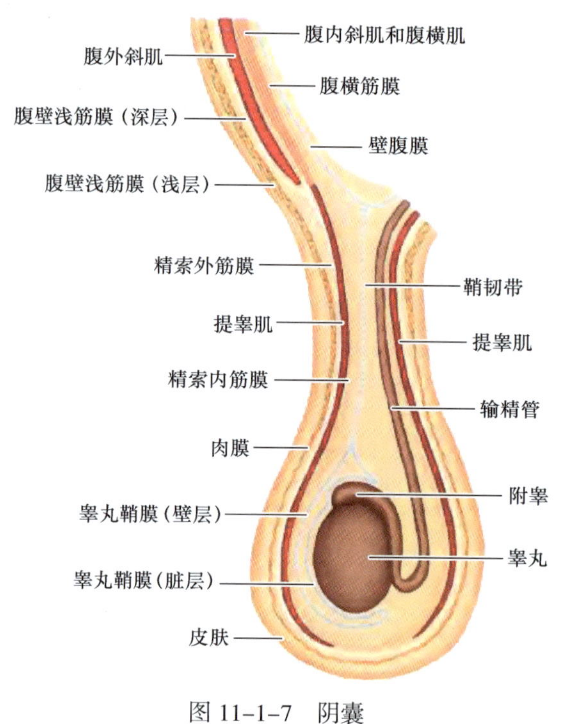

图 11-1-7　阴囊

5. 男性尿道

男性尿道有排精和排尿功能，它起自膀胱的尿道内口，止于阴茎头的尿道外口。成人尿道管径平均为 5 ～ 7 mm，长 16 ～ 22 cm，分为前列腺部、膜部和海绵体部三部分。膀胱和男性尿道如图 11-1-8 所示。

（1）前列腺部

前列腺部为尿道穿过前列腺的部分，长约 3 cm。其后壁有一纵行隆起（称为尿道嵴），其中部隆起称为精阜。精阜中央小凹称为前列腺小囊，两侧各有一个细小的射精管口。精阜两侧的尿道黏膜上有许多细小的前列腺输出管的开口。

（2）膜部

膜部为尿道穿过尿生殖膈的部分，长约 1.5 cm。其周围有尿道膜部括约肌环绕，可控制排尿。膜部位置比较固定，当骨盆骨折时，易损伤此部。临床上将尿道前列腺部和膜部合称为后尿道。

（3）海绵体部

海绵体部为尿道穿过尿道海绵体的部分，长 12 ~ 17 cm，临床上称为前尿道。其中尿道球内部分最宽，称为尿道球部，尿道球腺开口于此。阴茎头内的尿道扩大成尿道舟状窝。

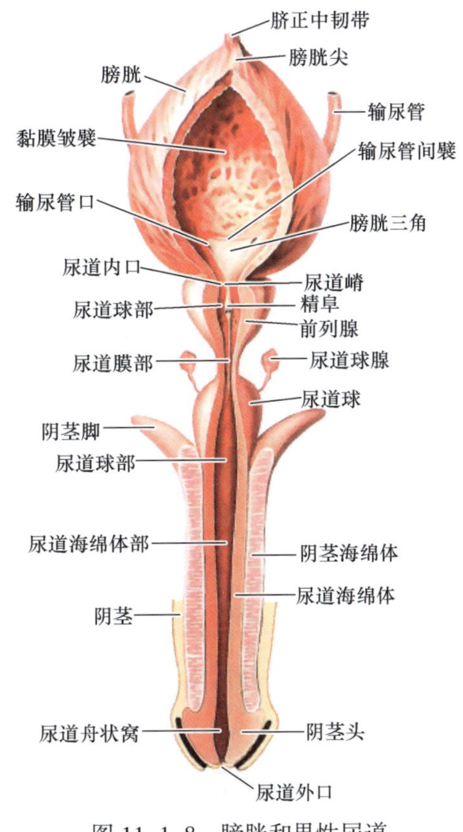

图 11-1-8　膀胱和男性尿道

二、睾丸的功能

睾丸实质由生精小管和结缔组织睾丸间质构成。生精小管上皮是精子生成的部位。睾丸间质细胞合成和分泌雄激素。

1. 睾丸的生精功能

睾丸生精小管上皮主要由支持细胞及镶嵌在支持细胞之间的各级生精细胞构成，如图 11-1-9 所示。

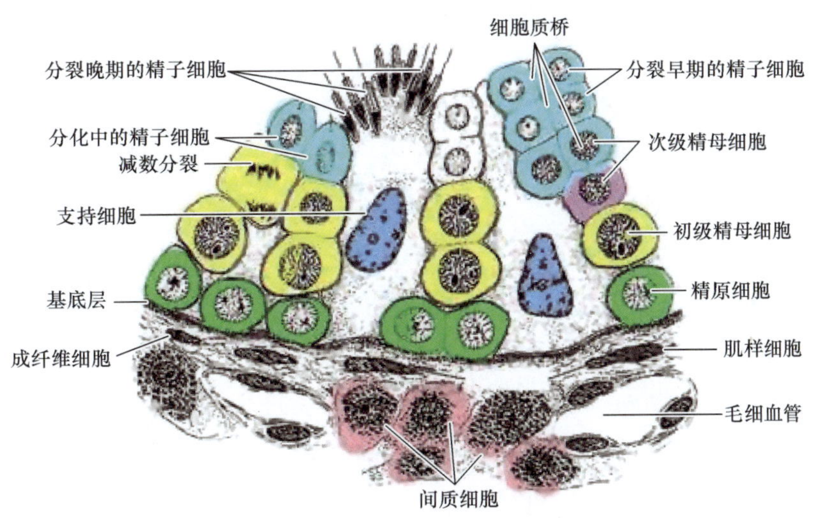

图 11-1-9　睾丸生精小管

睾丸的精子生成是生精小管上皮中的精原细胞发育为成熟精子的过程，简称生精。精原细胞由来自胚胎早期卵黄囊的精原干细胞转化而成。

知识补给站

精子的存活

在女性体内或体温环境下，精子功能活性可保持 24 ~ 48 小时，如其在这一时间段内与卵子相遇可发生受精。精子与冷冻保护剂混合后，经严格的冷冻程序，在 −198 ℃的液氮中可保存很多年，复苏后仍具有受精能力。冷冻精子库可保存献精者的精子，用于不育症治疗或为特殊人群将来的生育提供保障。

2. 睾丸的内分泌功能

睾丸内分泌功能是由睾丸间质细胞和支持细胞完成的。间质细胞分泌雄激素，支持细胞分泌抑制素。

（1）雄激素

雄激素中含量最多的是睾酮。睾酮的生理作用较广泛，主要包括：促进男性附属性器官的发育，促进男性第二性征的出现并维持其正常状态，促进精子的生成，维持正常性欲，促进蛋白质合成。

（2）抑制素

抑制素是睾丸支持细胞分泌的一种糖蛋白激素，其主要作用是抑制腺垂体卵泡刺激素的分泌。

课题二
女性生殖系统

学习目标

- 熟悉女性生殖系统的组成。
- 掌握子宫的形态、结构与位置以及卵巢的功能。

一、女性生殖系统的组成

女性生殖系统包括内生殖器和外生殖器，如图 11-2-1 所示。女性内生殖器冠状切面如图 11-2-2 所示。女性内生殖器由生殖腺（卵巢）、输送管道（输卵管、子宫和阴道）和附属腺（前庭大腺）组成。女性外生殖器即女阴。卵巢是产生卵子

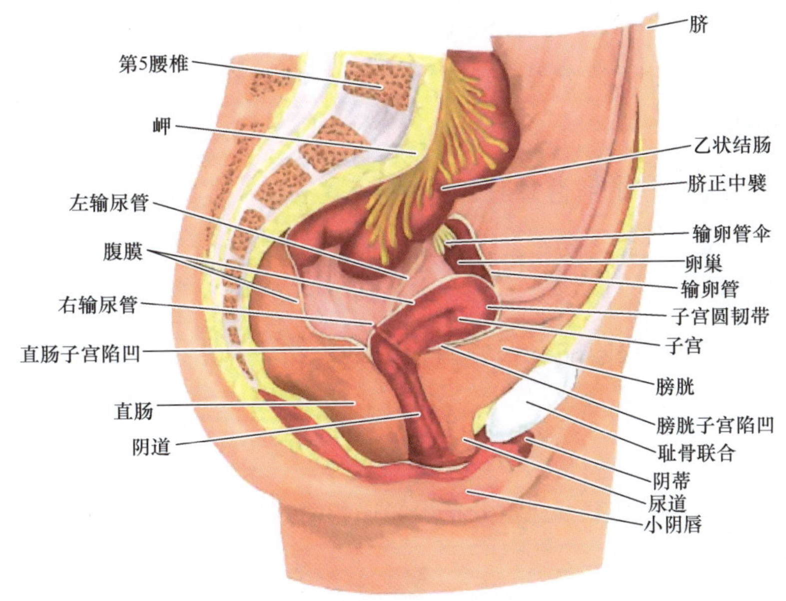

图 11-2-1　女性生殖系统

和分泌雌激素的器官。卵子成熟后排出，经输卵管腹腔口进入输卵管，在管内受精并迁移至子宫，植入内膜，发育成为胎儿。分娩时，胎儿由子宫口经阴道娩出。

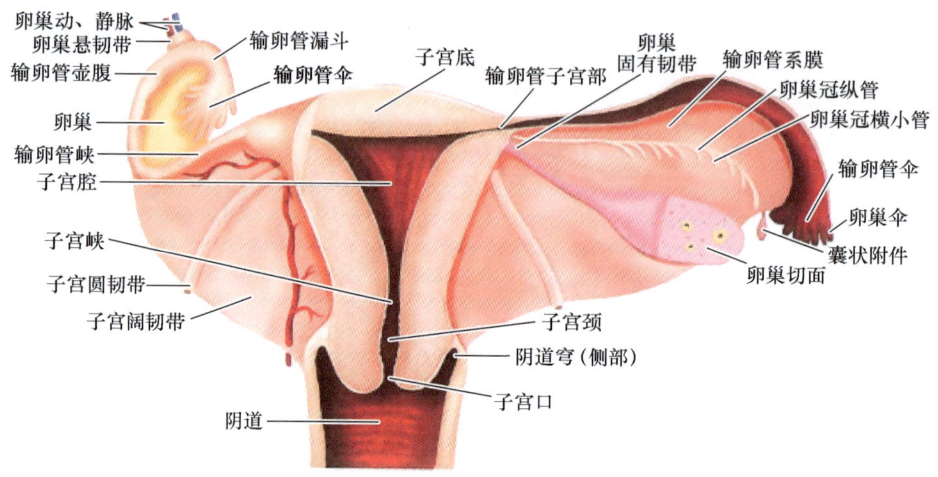

图 11-2-2　女性内生殖器冠状切面

1. 卵巢

卵巢是位于盆腔卵巢窝内的成对生殖腺。卵巢左右各一，位于盆腔侧壁、髂总动脉分叉处的下方。卵巢呈扁卵圆形，其上端与输卵管伞相触，下端通过韧带连于子宫。卵巢的大小、形态随年龄变化。它在女性性成熟前较小，表面光滑；性成熟期卵巢最大；青春期以后，由于多次排卵，卵巢表面凹凸不平；35 ~ 40 岁后卵巢开始缩小，随月经停止而逐渐萎缩。

2. 输卵管

输卵管是输送卵子的肌性管道，左右各一，长 10 ~ 14 cm，从卵巢上端连于子宫底的两侧，位于子宫阔韧带上缘内。输卵管由内侧向外侧分为四部。

(1) 子宫部

子宫部位于子宫壁内的一段，直径最细，约 1 mm，由输卵管子宫口通子宫腔。

(2) 峡部

峡部短而直，壁厚腔窄，血管分布少。输卵管结扎术多在此部施行。

(3) 壶腹部

壶腹部粗而长，壁薄腔大，腔面上有皱襞，血管丰富，行程弯曲，约占输卵管全长的 2/3。其向外移行为漏斗部，卵子多在此受精。若受精卵未能移入子宫而在输卵管内发育，即成为宫外孕。

 知识补给站

宫　外　孕

受精卵在子宫腔外着床发育的异常妊娠过程也称宫外孕，以输卵管妊娠最为常见。它多是由于输卵管管腔或其周围的炎症引起管腔不通畅，阻碍受精卵正常运行，使之在输卵管内停留、着床、发育，导致输卵管妊娠流产或破裂。患者在流产或输卵管破裂前往往无明显症状，也可有停经、腹痛、少量阴道出血。输卵管破裂后表现为急性剧烈腹痛反复发作，阴道出血，以至休克。检查时患者常有腹腔内出血体征，子宫旁有包块，超声检查可助诊。此病的治疗以手术为主，在纠正休克的同时要开腹探查，切除病侧输卵管。若为保留生育功能，也可切开输卵管取出受精卵。

（4）漏斗部

漏斗部为输卵管末端的膨大部分，向后下弯曲，覆盖在卵巢后缘和内侧面。漏斗部末端中央有输卵管腹腔口，开口于腹膜腔。卵巢排出的卵子由此进入输卵管。输卵管腹腔口的边缘有许多细长的突起，称为输卵管伞，它们盖在卵巢的表面。其中一条较长，内面沟也较深，称为卵巢伞。

3. 子宫

子宫壁厚，腔小，是孕育胚胎、胎儿和形成月经的肌性器官。

（1）子宫的形态与结构

成人未孕子宫前后稍扁，呈倒置的梨状，长 7 ~ 9 cm，最宽径约 4 cm，厚 2 ~ 3 cm，分为底、体、颈三部分。子宫底为输卵管子宫口水平位以上隆凸部分。下端狭窄，呈圆柱状，为子宫颈。成人该部长 2.5 ~ 3.0 cm，为肿瘤的好发部位。底与颈之间为子宫体。子宫颈分为突入阴道的子宫颈阴道部和阴道以上的子宫颈阴道上部两部分。子宫颈上端与子宫体相接，较狭窄，称为子宫峡，长约 1 cm。在妊娠期间，子宫峡逐渐伸展变长，形成子宫下段；妊娠末期，子宫峡可延长至

7 ~ 11 cm，峡壁逐渐变薄。妊娠和分娩期的子宫如图 11-2-3 所示。产科常在此处进行剖宫术，这样可避免进入腹膜腔，减少感染的机会。

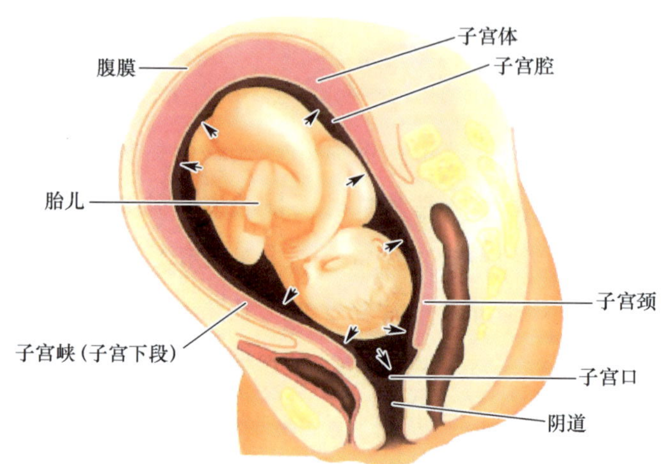

图 11-2-3　妊娠和分娩期的子宫

（2）子宫壁的结构

子宫壁分为三层：外层为浆膜，是腹膜的脏层；中层为强厚的肌层，由平滑肌组成；内层为黏膜，即子宫内膜，随着月经周期而发生增生、脱落的周期性变化。

（3）子宫的位置

子宫在骨盆中央，位于膀胱与直肠之间。子宫下端接阴道，两侧有输卵管和卵巢（二者合称子宫附件）。未妊娠时，子宫底位于小骨盆入口平面以下，朝向前上方：子宫颈的下端在坐骨棘平面的稍上方。直立时，子宫体伏于膀胱上面。当膀胱空虚时，成年人子宫呈轻度前倾或前屈位。前倾即整个子宫向前倾斜，子宫长轴与阴道长轴之间形成一个向前开放的钝角，略大于 90°。前屈是指子宫体与子宫颈不在一条直线上，两者间形成一个向前开放的钝角，约 170°。子宫有较大的活动性，膀胱和直肠的充盈程度都可影响子宫的位置。

（4）子宫的固定装置

子宫主要靠韧带、盆膈和尿生殖膈的托持以及周围结缔组织的牵拉等作用维持正常位置。子宫的固定装置如图 11-2-4 所示。如果这些固定装置薄弱或受损，可导致子宫位置异常，形成不同程度的子宫脱垂或子宫口低于坐骨棘平面，严重者子宫颈可脱出阴道。

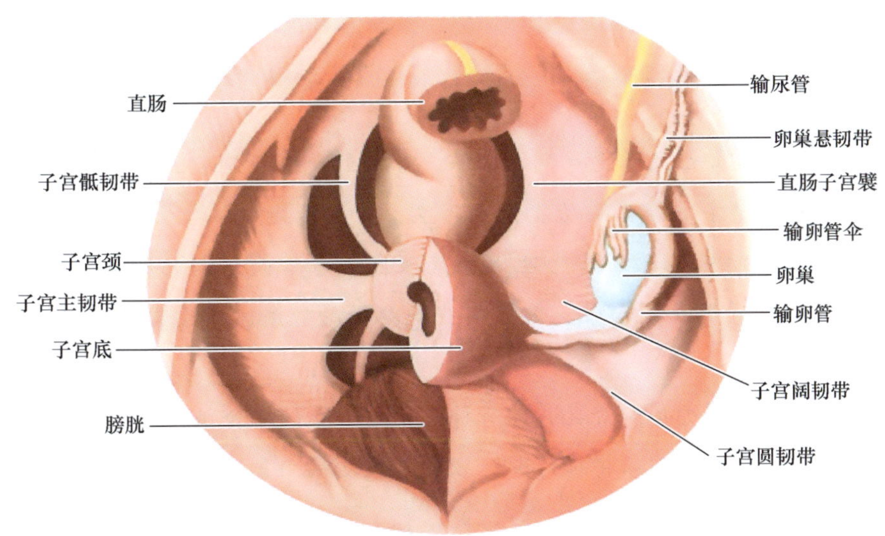

图 11-2-4　子宫的固定装置

4. 阴道

阴道是连接子宫和外生殖器的肌性管道，由黏膜、肌层和外膜组成，富有伸展性。阴道是性交器官，也是月经排出和胎儿娩出的管道。阴道有前壁、后壁和两个侧壁，前壁和后壁常处于相贴状态。阴道的下部较窄，以阴道口开口于阴道前庭。处女阴道口周围附有黏膜皱襞，称为处女膜，呈环形、半月形、伞状或筛状。处女膜破裂后，阴道口周围留有处女膜痕。

5. 会阴

会阴有狭义和广义之分。狭义的会阴即临床常称的会阴，是指外生殖器与肛门之间的区域，女性会阴也称产科会阴。会阴一般长 2 ~ 3 cm，女性会阴较男性的短，其深部有重要的会阴中心腱。产科在产妇分娩时会保护会阴或做会阴切口，即指保护或切开此处的软组织。

二、卵巢的功能

女性生殖功能主要是卵巢产生卵子和分泌雌激素。卵泡是卵巢的基本结构和功能单位，可产生卵子，具有内分泌功能。卵巢功能异常可导致女性生殖系统相关疾病，如卵巢囊肿、多囊卵巢综合征和卵巢早衰。

卵巢主要分泌雌激素和孕激素，此外还能分泌少量雄激素。

知识补给站

更年期综合征

围绝经期综合征又称更年期综合征，是指妇女绝经前后出现性激素变化所致的一系列以自主神经系统功能紊乱为主，伴有神经精神症状的一组综合征。该综合征出现的根本原因是生理性、病理性或手术而引起的卵巢功能衰竭。卵巢一旦功能衰竭或被切除、破坏，卵巢分泌的雌激素就会减少，并伴有以下症状：

1. 自主神经系统功能紊乱并伴有神经精神症状的综合征

神经精神症状：临床特征为围绝经期首次发病，多伴有性功能衰退，可有兴奋型和抑郁型两种类型。

2. 泌尿生殖道症状

可出现外阴及阴道萎缩、膀胱及尿道有关症状、子宫脱垂及阴道壁膨出。

3. 心血管症状

部分患者有假性心绞痛，有时伴心悸、胸闷。

少数患者出现轻度高血压，特点为收缩压升高、舒张压不高，阵发性发作，血压升高时出现头昏、头痛、胸闷、心悸。

4. 骨质疏松

妇女从围绝经期开始，骨质吸收速度大于骨质生成，造成骨质丢失、骨质疏松。

近年来，有学者认为，更年期妇女如果能在精神、心理、营养、体质等方面注意做好更年期保健，上述症状一般能够得到很好的改善。

思考与练习

1. 根据所学生殖系统知识向张某解释他的病因。
2. 简述精子产生过程及排出途径。
3. 查阅资料，了解雌激素和孕激素的作用。
4. 男性的生殖器官和女性的生殖器官各包括哪些主要部分？